全国高职高专"十二五"规划教材

可编程控制器模块化教程

主　编　黄巧荣

副主编　梁　刚

中国水利水电出版社
www.waterpub.com.cn

内 容 提 要

本书以三菱 FX$_{2N}$ 系列 PLC 为例，以目前较新的三菱编程软件 GX 为载体，按照工作任务式的教学方法组织编写，内容包括 6 个模块，分别为：PLC 基本指令及经验编程法、顺控指令与编程软件 GX 的 SFC 编程、三菱 PLC 功能指令、三菱 PLC 的程序流程控制指令、可编程控制器的特殊功能模块、可编程控制器通信技术。在内容安排上每个模块均先介绍相关知识，在相关知识部分，每条指令都配有具体实例来说明应用方法，随后对相关知识进行任务实施，真正做到融教、学、做于一体。

本书可以作为高职高专电气自动化技术、生产过程自动化技术、机电一体化技术或相关专业的理论与实训的一体化教材，也可作为 PLC 用户的培训教材及工程技术人员的参考书。

本书配有电子教案，读者可以从中国水利水电出版社网站和万水书苑免费下载，网址为：http://www.waterpub.com.cn/softdown/和 http://www.wsbookshow.com。

图书在版编目（CIP）数据

可编程控制器模块化教程 / 黄巧荣主编. -- 北京：
中国水利水电出版社，2014.2（2019.2 重印）
全国高职高专"十二五"规划教材
ISBN 978-7-5170-1694-6

Ⅰ. ①可… Ⅱ. ①黄… Ⅲ. ①可编程序控制器-高等
职业教育-教材 Ⅳ. ①TM571.6

中国版本图书馆CIP数据核字（2014）第015085号

策划编辑：张未梅　责任编辑：张玉玲　加工编辑：李 燕　封面设计：李 佳

书　　名	全国高职高专"十二五"规划教材 可编程控制器模块化教程
作　　者	主 编 黄巧荣 副主编 梁 刚
出版发行	中国水利水电出版社 （北京市海淀区玉渊潭南路 1 号 D 座　100038） 网址：www.waterpub.com.cn E-mail: mchannel@263.net（万水） 　　　　sales@waterpub.com.cn 电话：（010）68367658（发行部）、82562819（万水）
经　　售	北京科水图书销售中心（零售） 电话：（010）88383994、63202643、68545874 全国各地新华书店和相关出版物销售网点
排　　版	北京万水电子信息有限公司
印　　刷	三河市铭浩彩色印装有限公司
规　　格	184mm×260mm　16 开本　11.25 印张　280 千字
版　　次	2014 年 2 月第 1 版　2019 年 2 月第 2 次印刷
印　　数	2001—3000 册
定　　价	24.00 元

前　言

本人在十多年的 PLC 理论教学与实践中，经常会遇到这样的问题：

（1）在顶岗实习经验交流会上真正到工厂实习过的学生都会给学校提建议，建议学校所教的软件及时更新，做到与工厂同步。但每年到选教材的时候会发现教材中介绍的软件都是过时的。

（2）每次在给学生进行实验实训考核时总有学生对老师打的分数不满意，弄得师生间关系不愉快。

（3）每次布置编程作业，学生都希望能在宿舍仿真调试后再交作业，以保证作业的正确率。但目前市面上的教材基本没有讲仿真功能。

为了解决这些问题，南宁学院机电学院组织本市同类院校的老师编写了本书，同时满足了以上要求。

本书和其他高职高专同类教材相比，具有以下特点：

● 以目前三菱 PLC 较新版的编程软件 GX 为载体讲解各指令和具体实例，介绍 GX 如何才能具有仿真功能以及如何仿真，这为没有 PLC 实物的学习者提供了极大便利。

● 每个模块均先介绍相关知识，在相关知识部分，每条指令都配有具体实例来说明应用方法，然后对相关知识进行任务实施，真正做到融教、学、做于一体。

● 每个任务实施中都设置了考核标准，利于教师对学生进行考评，也利于学生有针对性地练习，提高技能。

● 书中实例都是经过教学验证的程序。

本书由黄巧荣任主编，广西农业职业技术学院的梁刚任副主编，另外参与部分编写工作的还有南宁学院的李光平、辛华健和唐月夏。

在本书编排过程中，广西职业技术学院的黄月英老师提出了宝贵意见，唐月夏和辛华健老师对本书初稿指出了大量错误，在此表示衷心感谢。

本书在编写过程中，参考了有关资料和文献，在此向相关的作者表示衷心感谢，由于编者水平有限，书中难免有错漏之处，敬请广大读者批评指正。

编　者

2013 年 12 月

目　　录

模块一 PLC 基本指令及经验编程法

工作任务 1 三菱 FX$_{2N}$ 系列 PLC 编程环境认识

能力目标

能够对编程软件 GX 与仿真软件进行正确安装。

知识目标

了解 PLC 的基本原理；认识 FX$_{2N}$-48MR 的外部结构的。

相关知识

一、PLC 简介

1. PLC 的定义

可编程控制器（PLC）是以自动控制技术、微计算机技术和通信技术为基础发展起来的新一代工业控制装置，是一种专为工业环境应用设计的数字运算操作的电子系统。它采用一类可编程的存储器，用于其内部存储程序、执行逻辑运算、顺序控制、定时、计数与算术操作等面向用户的指令，并通过数字或模拟式输入/输出控制各种类型的机械生产过程。PLC 是工业控制的核心部分。早期的可编程控制器主要用来替代继电器实现逻辑控制；随着技术的发展，这种采用微型计算机技术的工业控制装置的功能已经大大超过了逻辑控制的范围。现在这种装置已称作可编程控制器，简称 PC。但为了避免与个人计算机（Personal Computer）的简称混淆，故将可编程控制器简称为 PLC。

2. 可编程控制器（PLC）的基本功能

（1）逻辑控制功能。逻辑控制是 PLC 最基本的应用。它可以取代传统继电器控制装置，也可取代顺序控制和程序控制。逻辑控制功能实际上就是位处理功能，在 PLC 中一个逻辑位的状态可以无限次地使用，逻辑关系的变更和修改也十分方便。

（2）闭环校制功能。PLC 具有 D/A 转换、A/D 转换、算术运算以及 PID 运算等功能。可以方便地完成对模拟量的处理。

（3）定时控制功能。PLC 中有许多可供用户使用的定时器，定时器的设定值可以在编程时设定，也可在运行过程中根据需要进行修改，使用方便灵活。

（4）计数控制功能。这是 PLC 最基本的功能之一。PLC 为用户提供了许多计数器。计数器的设定值可以在编程时设定，也可在运行过程中根据需要进行修改，PLC 据此可完成对某个工作过程的计数控制。

（5）数据处理功能。PLC 可以实现算术运算、数据比较、数据传送、移位、数据转换、译码、编码等操作。有的还可实现开方、PID 运算、浮点运算等操作。

（6）步进控制功能。PLC 为用户提供了若干个状态器，可以实现由时间、计数或其他逻辑信号为转移条件的步进控制，即在一道工序完成以后，在转移条件满足时，自动进行下一道工序。大部分 PLC 都有专用的步进控制指令，应用步进指令编程十分方便。

（7）通信联网功能。有些 PLC 采用通信技术，可以进行多台 PLC 之间的同位链接、PLC 与计算机之间的通信等。利用 PLC 之间的同位连接，可以把数十台 PLC 用同级或分级的方式连成网络，采用 PLC 和计算机之间的通信连接，可以用计算机作上位机，下面连接数十台 PLC 作为现场控制。

（8）监控功能。PLC 设置了较强的监控功能，操作人员利用编程器或监视器可对 PLC 的运行状态进行监视。

（9）停电记忆功能。PLC 内部的部分存储器所使用的 RAM 设置了停电保持器件（如备用电池等）以保证断电后这部分存储器中的信息不会丢失。

（10）故障诊断功能。PLC 对系统组成、某些硬件状态及指令的合法性进行自诊断，发现异常情况发出报警并显示错误类型。

3．PLC 的特点

（1）可靠性高、抗干扰能力强。可靠性高、抗干扰能力强是 PLC 最重要的特点之一。PLC 的平均无故障时间可达几十万个小时，之所以有这么高的可靠性，是由于它采用了一系列的硬件和软件的抗干扰措施。

1）硬件方面 I/O 通道采用光电隔离，有效地抑制了外部干扰源对 PLC 的影响，对供电电源及线路采用多种形式的滤波，从而消除或抑制了高频干扰；PLC 作为专为工业控制而设计的电子装置，选用的电子器件一般是工业级的，有的甚至是军用级的。

2）软件方面 PLC 采用扫描工作方式，减少了外界环境干扰引起的故障。在 PLC 系统程序中设有故障检测和自诊断程序，能对系统硬件电路等故障实现检测和判断。

（2）编程简单、使用方便。目前，大多数 PLC 采用的编程语言是梯形图语言，它是一种面向生产、面向用户的编程语言。梯形图与电器控制线路图相似，形象、直观、不需要掌握计算机知识、很容易让广大工程技术人员掌握。当生产流程需要改变时，可以现场改变程序，使用方便、灵活；同时，PLC 编程器的操作和使用也很简单。这也是 PLC 获得普及和推广的主要原因之一。

（3）功能完善、通用性强。现代 PLC 不仅具有逻辑运算、定时、计数、顺序控制等功能，而且还具有 A/D 和 D/A 转换、数值运算、数据处理、PID 控制、通信联网等许多功能。

（4）设计安装简单、维护方便。由于 PLC 用软件代替了传统电气控制系统的硬件控制柜的设计，安装接线工作量大为减少。PLC 的用户程序大部分可在实验室进行模拟调试，缩短了应用设计和调试周期。在维修方面，由于 PLC 的故障率极低，而且 PLC 具有很强的自诊断功能，如出现故障，可根据 PLC 上的指示或编程器上提供的故障信息迅速查明原因，维修极为方便。

（5）体积小、重量轻、能耗低。由于 PLC 采用了集成电路，其结构紧凑、体积小、能耗低，因而是实现机电一体化的理想控制设备。

（6）速度较慢，价格较高。PLC 的速度与单片机等计算机相比相对较慢，单片机两次执行程序的时间间隔可以是 ms 级甚至 μs 级，一般 PLC 两次执行程序的时间间隔是 10ms 级。PLC 的一般输入点在输入信号频率超过十几赫兹后就很难正常工作，为此，PLC 设有高速输入点，可以输入数千赫的开关信号。

4. PLC 的分类

（1）按 I/O 点数分类。

所谓 I/O 点数就是输入输出位数的俗称。I/O 点数是选择 PLC 的重要依据。一般分为三类：

1）小型 PLC。小型 PLC 的 I/O 点数一般在 128 点以下，其特点是体积小、结构紧凑，整个硬件融为一体，除了开关量 I/O 以外，还可以连接模拟量 I/O 以及其他各种特殊功能模块。它能执行包括逻辑运算、计时、计数、算术运算、数据处理和传送、通信联网以及各种应用指令。

2）中型 PLC。中型 PLC 采用模块化结构，其 I/O 点数一般在 256～1024 点之间。I/O 的处理方式除了采用一般 PLC 通用的扫描处理方式外，还能采用直接处理方式，即在扫描用户程序的过程中，直接读输入，刷新输出。它能联接各种特殊功能模块，通信联网功能更强，指令系统更丰富，内存容量更大，扫描速度更快。

3）大型 PLC。一般 I/O 点数在 1024 点以上的称为大型 PLC。大型 PLC 的软、硬件功能极强。具有极强的自诊断功能。通信联网功能强，有各种通信联网的模块，可以构成三级通信网，实现工厂生产管理自动化。大型 PLC 还可以采用三 CPU 构成的表决式系统，使机器的可靠性更高。

（2）按结构形式分类。

可编程逻辑控制器按结构分为整体型和模块型两类。

1）整体式 PLC。是将电源、CPU、I/O 接口等部件都集中装在一个机箱内，具有结构紧凑、体积小、价格低的特点。小型 PLC 一般采用这种整体式结构。整体式 PLC 由不同 I/O 点数的基本单元（又称主机）和扩展单元组成。基本单元内有 CPU、I/O 接口、与 I/O 扩展单元相连的扩展口，以及与编程器或 EPROM 写入器相连的接口等。扩展单元内只有 I/O 和电源等，没有 CPU。基本单元和扩展单元之间一般用扁平电缆连接。整体式 PLC 一般还可配备特殊功能单元，如模拟量单元、位置控制单元等，使其功能得以扩展。

2）模块式 PLC。将 PLC 各组成部分分别作成若干个单独的模块，如 CPU 模块、I/O 模块、电源模块（有的含在 CPU 模块中）以及各种功能模块。模块式 PLC 由框架或基板和各种模块组成。模块装在框架或基板的插座上。这种模块式 PLC 的特点是配置灵活，可根据需要选配不同规模的系统，而且装配方便，便于扩展和维修。大、中型 PLC 一般采用模块式结构。

5. PLC 的应用领域

目前，PLC 在国内外已广泛应用于钢铁、石油、化工、电力、建材、机械制造、汽车、轻纺、交通运输、环保及文化娱乐等各个行业。使用情况大致可归纳为如下几类。

（1）开关量的逻辑控制。

这是 PLC 最基本、最广泛的应用领域，它取代传统的继电器电路，实现逻辑控制、顺序控制，既可用于单台设备的控制，也可用于多机群控及自动化流水线。如注塑机、印刷机、订书机械、组合机床、磨床、包装生产线、电镀流水线等。

（2）模拟量控制。

在工业生产过程当中，有许多连续变化的量，如温度、压力、流量、液位和速度等都是模拟量。为了使可编程控制器处理模拟量，必须实现模拟量（Analog）和数字量（Digital）之间的 A/D 转换及 D/A 转换。PLC 厂家都生产配套的 A/D 和 D/A 转换模块，使可编程控制器用于模拟量控制。

（3）运动控制。

PLC 可以用于圆周运动或直线运动的控制。从控制机构配置来说，早期直接用于开关量

I/O 模块连接位置传感器和执行机构，现在一般使用专用的运动控制模块。如可驱动步进电机或伺服电机的单轴或多轴位置控制模块。世界上各主要 PLC 厂家的产品几乎都有运动控制功能，广泛用于各种机械、机床、机器人、电梯等场合。

（4）过程控制。

过程控制是指对温度、压力、流量等模拟量的闭环控制。作为工业控制计算机，PLC 能编制各种各样的控制算法程序，完成闭环控制。PID 调节是一般闭环控制系统中用得较多的调节方法。大中型 PLC 都有 PID 模块，目前许多小型 PLC 也具有此功能模块。PID 处理一般是运行专用的 PID 子程序。过程控制在冶金、化工、热处理、锅炉控制等场合有非常广泛的应用。

（5）数据处理。

现代 PLC 具有数学运算（含矩阵运算、函数运算、逻辑运算）、数据传送、数据转换、排序、查表、位操作等功能，可以完成数据的采集、分析及处理。这些数据可以与存储在存储器中的参考值比较，完成一定的控制操作，也可以利用通信功能传送到别的智能装置，或将它们打印制表。数据处理一般用于大型控制系统，如无人控制的柔性制造系统；也可用于过程控制系统，如造纸、冶金、食品工业中的一些大型控制系统。

（6）通信及联网。

PLC 通信含 PLC 间的通信及 PLC 与其他智能设备间的通信。随着计算机控制的发展，工厂自动化网络发展得很快，各 PLC 厂商都十分重视 PLC 的通信功能，纷纷推出各自的网络系统。新近生产的 PLC 都具有顺序控制，通信非常方便。

二、PLC 的组成

PLC 的组成分为硬件组成和软件组成两部分。

1. PLC 的硬件组成

PLC 主要由中央处理器（CPU）、存储器（RAM、EPROM）、I/O、电源、扩展接口和编程器接口等几部分组成，其结构框图如图 1-1 所示。

（1）中央处理器（CPU）。

CPU 是 PLC 的核心部件之一，它的主要功能有：①采集输入信号；②执行用户程序；③刷新系统输出；④执行管理和诊断程序；⑤与外界通信。

（2）存储器。

存储器是保存系统程序、用户程序、中间运算结果的器件，据其在系统中的作用，可将它们分为下列 4 种：系统程序存储器、用户程序存储器、数据表存储器、高速暂存存储器。

1）系统程序存储器。系统程序存储器用来存放 PLC 的监控程序，可分为：系统管理程序、命令解释程序、故障检测、诊断程序、通信程序。系统程序由 PLC 厂家设计，并固化在 ROM / PROM / EPROM 存储器中，用户不必对它作细致的了解，更不能改变它。

2）用户程序存储器。用户程序存储器用来存放用户编制的控制程序。PLC 术语中讲的存储器容量及型式就指的是用户程序存储器。常用的用户存储器型式有：EPROM、E^2PROM、带掉电保护的 RAM 等。

3）数据表存储器（I/O 映像存储器）。数据表存储器用来存放开关量 I/O 状态表，定时器、计算器的预置值表，模拟量 I/O 数值等。

4）高速暂存存储器。高速暂存存储器主要存放运算的中间结果，统计数据、故障诊断的标志位等。

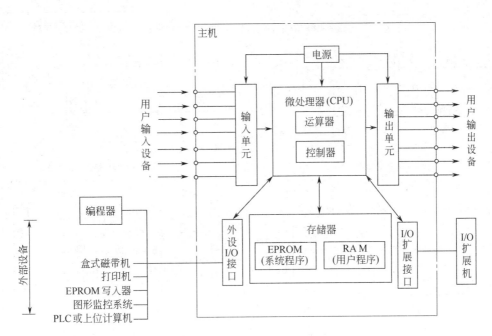

图 1-1　单元式 PLC 结构框图

（3）I/O 部分。

PLC 的 I/O 部分，因用户的需求不同有各种不同的组合方式，通常以模块的形式供应，一般可分为：

①开关量 I/O 模块；②模拟量 I/O 模块；③数字量 I/O 模块（包括 TTL 电平 I/O 模块、拨码开关输入模块、LED/LCD/CRT 显示控制模块、打印机控制模块）④高速计数模块；⑤精确定时模块；⑥快速响应模块；⑦中断控制模块；⑧PID 调节模块；⑨位置控制模块；⑩轴向定位模块；⑪通信模块。

1）开关量 I/O 模块（部分）。

开关量输入模块（部分）的作用是接收现场设备的状态信号、控制命令等，如限位开关、操作按钮等，并且将此开关量信号转换成 CPU 能接收和处理的数字量信号。

开关量输出模块（部分）的作用是将经过 CPU 处理过的结果转换成开关量信号送到被控设备的控制回路去，以驱动阀门执行器、电动机的启动器和灯光显示等设备。

开关量 I/O 模块（部分）的信号仅有通、断两种状态，各 I/O 点的通/断状态用发光二极管在面板上显示。输入电压等级通常有 DC（5V、12V、24V、48V）或 AC（24V、120V、220V）等。

每个模块可能有 4、8、12、16、24、32、64 点，外部引线连接在模块面板的接线端子上，有些模块使用插座型端子板，在不拆去外部连线的情况下，可迅速地更换模块，便于安装、检修。

①开关量输入模块。

按与外部接线对电源的要求不同，开关量输入模块可分为 AC 输入，DC 输入，无压接点输入，AC/DC 输入等几种形式，参见图 1-2。每个输入点均有滤波网络、LED 显示器、光电隔离管。

从图 1-2（c）中可以看出无压接点输入是开关触点直接接在公共点和输入端，不另外接电源，电源由内部电路提供。

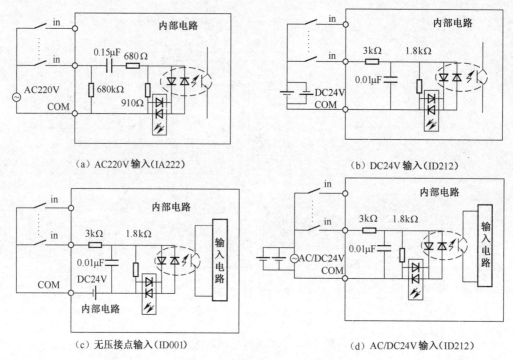

（a）AC220V 输入（IA222）　　　　（b）DC24V 输入（ID212）

（c）无压接点输入（ID001）　　　　（d）AC/DC24V 输入（ID212）

图 1-2　开关量的几种输入形式

②开关量输出模块。

开关量输出通常有 3 种形式：继电器输出、晶体管输出、可控硅输出。

每个输出点均有 LED 发光管、隔离元件（光电管/继电器）、功率驱动元件和输出保护电路，见图 1-3。

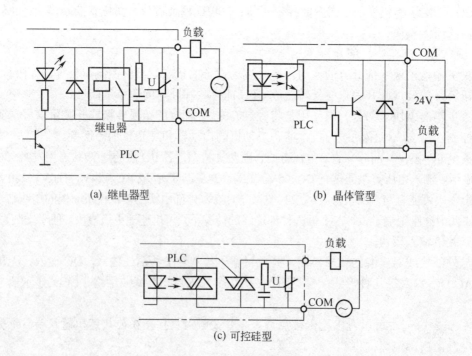

（a）继电器型　　　　　　　　　　（b）晶体管型

（c）可控硅型

图 1-3　开关量输出电路

如图 1-3（a）所示为继电器输出电路，继电器同时起隔离和功放的作用；与触点并联的 R、C 和压敏电阻在触点断开时起消弧作用。

如图 1-3（b）所示为晶体管输出电路，大功率晶体管的饱和导通/截止相当于触点的通/断；稳压管用来抑制过电压，起保护晶体管作用。

如图 1-3（c）所示为可控硅输出电路，光电可控硅起隔离、功放作用；R、C 和压敏电阻用来抑制 SSR 关断时产生的过电压和外部浪涌电流。

输出模块最大通断电流的能力大小依次为继电器、可控硅、晶体管。而通断响应时间的快慢则刚好相反。使用时应据以上特性选择不同的输出型式。

2）模拟量 I/O 模块。

模拟量 I/O 模块常用的有 A/D、D/A、热电偶/热电阻输入等几种模块。

3）数字量 I/O 模块。

常用的有 TTL 电平 I/O 模块、拨码开关输入模块、LED/LCD/CRT 显示控制模块、打印机控制模块等。

4）高速计数模块。

高速计数模块是工控中最常用的智能模块之一，过程控制中有些脉冲变量（如旋转编码器、数字码盘、电子开关等输出的信号）的变化速度很高（可达几十 kHz、几 MHz），已小于 PLC 的扫描周期，对这类脉冲信号若用程序中的计数器计数，因受扫描周期的限制，会丢失部分脉冲信号。因此使用智能的高速计数模块，可使计数过程脱离 PLC 而独立工作，这一过程与 PLC 的扫描过程无关，可准确计数。

5）精确定时模块。

精确定时模块是智能模块，能脱离 PLC 进行精确的定时，定时时间到后会给出信号让 PLC 检测。

6）快速响应模块。

PLC 的输入/输出量之间存在着因扫描工作方式而引起的延迟，最大延迟时间可达 2 个扫描周期，这使 PLC 对很窄的输入脉冲难以监控。快速响应模块则可检测到窄脉冲，它的输出与 PLC 的扫描工作无关，而由输入信号直接控制，同时它的输出还受用户程序的控制。

7）中断控制模块。

它适用于要求快速响应的控制系统，接收到中断信号后，暂停正在运行的 PLC 用户程序，运行相应的中断子程序，执行完后再返回来继续运行用户程序。

8）PID 调节模块。

过程控制常采用 PID 控制方式，PID 调节模块是一种智能模块，它可脱离 PLC 独立执行 PID 调节功能，实际上可看成 1 台或多台 PID 调节器，PID 参数可调。

9）位置控制模块。

位置控制模块是用来控制物体的位置、速度、加速度的智能模块，可以控制直线运动（单轴）、平面运动（双轴），甚至更复杂的运动（多轴）。

位置控制一般采用闭环控制，常用的驱动装置是伺服电机或步进电机、模块从参数传感器得到当前物体所处的位置、速度/加速度，并与设定值进行比较，比较的结果再用来控制驱动装置，使物体快进、慢进、快退、慢退、加速、减速、停止等，实现定位控制。

10）轴向定位模块。

轴向定位模块是一种能准确地检测出高速旋转转轴的角度位置，并根据不同的角度位置控制开关 ON/OFF（可以多个开关）。

11）通信模块。

通信模块大多是带 CPU 的智能模块，用来实现 PLC 与上位机、下位机或同级的其他智能控制设备通信，常用通信接口标准有 RS-232C、RS-422、RS-485、ProfiBus、以太网等几种。

（4）电源。

电源是 PLC 最重要的部分之一，是正常工作的首要条件。当电网有强烈波动遭强干扰时，输出电压要保持平稳。因此在 PLC 的电源中要加入许多稳压抗扰措施，如浪涌吸收器、隔离变压器、开关电源技术等。

（5）扩展接口。

扩展接口是用于连接扩展单元的接口，当 PLC 的基本单元的 I/O 点数不能满足要求的时候，可通过扩展接口连接扩展单元以增加系统的 I/O 点数。

（6）编程工具。

编程工具是一种人机对话设备，用户用它来输入、检查、修改、调试 PLC 的用户程序，它还可用来监视 PLC 的运行情况。

PLC 投入正常运行后，通常不要编程工具一起投入运行，因此，编程器都是独立设计的，而且是专用的，PLC 生产厂家提供的专用编程器只能用在自己厂生产的某些型号的 PLC。专用编程器分为简易编程器和图形编程器。

1）简易编程器。

它类似于计算器，上面有命令键、数字键、功能键及 LED 显示器/LCD 显示屏。使用时可直接插在 PLC 的编程器插座上，也可用电缆与 PLC 相连。调试完毕后，或取下或将它安在 PLC 上一起投入运行。用简易的编程器输入程序时，先将梯形图程序转换为指令表程序，再用键盘将指令程序写入 PLC。

2）图形编程器。

常用的图形编程器是液晶显示图形编程器（手持式的），它有一个大型的点阵式液晶显示屏。除具有简易型的功能外，还具有可以直接打入和编辑梯形图程序，使用起来更方便，直观。但它的价格较高，操作也较复杂。也有用 CRT 作显示器的台式图形编程器，它实质是一台专用计算机，它的功能更强，使用更方便，但价格也十分昂贵。

3）用专用编程软件在个人计算机（PC）上实现编程功能

随着 PC 的日益普及，最新发展趋势是使用专用的编程软件，在通用的 PC 上实现图形编程器的功能。一般的 PC 添置一套专用的"编程软件"后就可进行编制、修改 PLC 的梯形图程序，存贮、打印程序文件（清单），与 PLC 联机调试及系统仿真等。并且用户程序可在 PC、PLC 之间互传。具有以上功能后，PLC 的程序（特别是大型程序）编程、调试就显得十分方便和轻松。

2. PLC 的软件组成和编程语言

在 PLC 中软件分为两大部分，即系统程序和用户程序。

（1）系统程序。

系统程序是 PLC 工作的基础，采用汇编语言编写，在 PLC 出厂时就已经固化于 ROM 型系统程序存储器中，不需要用户干预。系统程序分为系统监控程序和解释程序。

系统监控程序用于监视并控制 PLC 的工作，如诊断 PLC 系统工作是否正常，对 PLC 各模块的工作进行控制，与外设交换信息。根据用户的设定使 PLC 处在编制用户程序的状态或

者处在运行用户程序状态等，解释程序用于把用户程序解释成微处理器能够执行的程序。

当 PLC 处于运行方式时，系统监控程序启动解释程序，解释程序将用户利用梯形图或语句表编制的用户程序编译成处理器可以执行的指令组成的程序，处理器执行这些处理后的程序来完成用户的控制任务。与此同时，系统监控程序对这一过程进行并控制，如发现异常立即进行报警并做出相应的处理。

（2）用户程序。

用户程序又称应用程序，是用户为完成某一特定任务而利用 PLC 的编程语言而编制的程序。用户程序通过编程器输入到 PLC 的用户存储器中，通过 PLC 的运行而完成这一特定的任务。

（3）编程语言。

各种型号的 PLC 都有自己的编程语言，至今为止还没有一种能够适合所有可编程控制的通用编程语言。但由于各国可编程控制器的发展过程有类似之处，可编程控制器的编程语言及编程工具都大体差不多。一般常见的有如下几种编程语言。

1）梯形图（LD）。

梯形图是使用得最多的 PLC 图形编程语言。梯形图与继电器控制系统的电路图很相似，直观易懂，很容易被工厂熟悉继电器控制的电气人员掌握，特别适用于开关量逻辑控制。

如图 1-4 所示，梯形图由触点、线圈和应用指令等组成。在分析梯形图中的逻辑关系时，为了借用继电器电路图的分析方法，可以想像左右两侧垂直母线之间有一个左正右负的直流电源电压（有时省略了右侧的垂直母线），可编程控制器中参与逻辑组合的元件看成和继电器一样具有常开、常闭触点及线圈，且线圈的得电失电将导致触点的相应动作，再用母线代替电源线，用能量流概念来代替继电器电路中的电流概念，使用绘制继电器电路图类似的思路绘出梯形图。

图 1-4　梯形图程序

当图 1-4 中 X0 触点接通，有一个假想的"能流"（Power flow）流过 Y0 的线圈。Y0 线圈得电后它相应的常开触点闭合自锁。利用能流这一概念，可以帮助我们更好地理解和分析梯形图，能流只能从左向右流动。需要说明的是，PLC 中的继电器编程元件不是实际物理元件，而是计算机存储器中一定的位，它的所谓接通不过是相应存储单元置 1 而已。

表 1-1 给出了继电器电路图中部分符号和三菱公司 PLC 梯形图符号的对照关系。除了图形符号外，梯形图中也有文字符号。图 1-4 梯形图中第一行第一个常开触点边标示的 X000 即是文字符号（即为编程元件的地址）。和继电器电路中一样，文字符号相同的图形符号即是属于同一元件的。

表 1-1　继电器电路图符号与梯形图符号对照表

符号名称	继电器电路符号	梯形图符号
常开触点	ー／ー	┤├
常闭触点	ー／ー	┤╱├
线圈	─［＿］─	─○─

2）指令表（IL）。

PLC 的指令是一种与微机的汇编语言中的指令相似的助记符表达式，由指令组成的程序叫作指令表（Instruction List）程序。指令表程序较难阅读，其中的逻辑关系很难一眼看出，所以在设计时一般使用梯形图语言。如果使用手持式编程器，必须将梯形图转换成指令表后再写入 PLC。在用户程序存储器中，指令按步序号顺序排列。编程语言如下图 1-5 所示。

```
0    LD      X000
1    OR      Y000
2    ANI     X001
3    OUT     Y000
4    END
```

图 1-5　指令表编程语言

3）顺序功能图（SFC）。

这是一种位于其他编程语言之上的图形语言，用来编制顺序控制程序，在后面的内容中将作详细介绍。顺序功能图提供了一种组织程序的图形方法，在顺序功能图中可以用别的语言嵌套编程。步、转换和动作是顺序功能图中的三种主要元件（见图 1-6）。顺序功能图用来描述开关量控制系统的功能，根据它可以很容易地画出顺序控制梯形图程序。

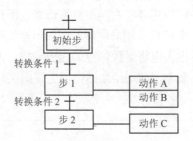

图 1-6　SFC 顺序功能图

4）功能块图（FBD）。

这是一种类似于数字逻辑门电路的编程语言，有数字电路基础的人很容易掌握。该编程语言用类似与门、或门的方框来表示逻辑运算关系，方框的左侧为逻辑运算的输入变量，右侧为输出变量，输入、输出端的小圆圈表示"非"运算，方框被"导线"连接在一起，信号自左向右流动。图 1-7 中的控制逻辑与图 1-4 中的相同。有的微型 PLC 模块（如西门子公司的"LOGO!"逻辑模块）使用功能块图语言，除此之外，国内很少有人使用功能块图语言。

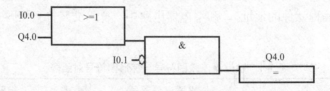

图 1-7　功能块图（FBD）编程语言

5）结构文本（ST）。

结构文本（ST）是为 IEC61131-3 标准创建的一种专用的高级编程语言。与梯形图相比，它能实现复杂的数学运算，编写的程序非常简洁和紧凑。结构化文本语言是用结构化的描述文

本来描述程序的一种编程语言。它是类似于高级语言的一种编程语言。

以上编程语言的几种表达方式是国际电工委员会（IEC）1994 年 5 月在 PLC 标准中推荐的。对于一款具体的 PLC，生产厂家可在这些表达方式中提供其中的几种供用户选择。也就是说并不是所有的 PLC 都支持全部编程语言。

三、PLC 的工作原理

PLC 与继电器控制系统区别在于：前者工作方式是"串行"，后者工作方式是"并行"；前者用"软件"，后者用"硬件"。

PLC 与计算机区别在于：前者工作方式是"循环扫描"，后者工作方式是"待命或中断"。所谓扫描是指 CPU 连续执行用户程序和任务的循环过程。PLC 的工作过程一般可以分为输入采样、程序执行和输出刷新三个阶段，如图 1-8 所示。

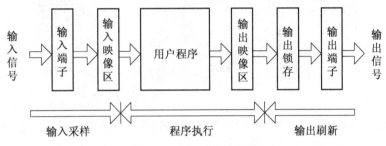

图 1-8　PLC 工作过程图

（1）输入采样阶段。PLC 以扫描工作方式，按顺序将所有信号读入到寄存输入状态的输入映像寄存器中存储，这一过程称为采样。在本工作周期内，此采样结果的内容不会改变，而且采样结果将在 PLC 执行程序时使用。

（2）程序执行阶段。PLC 按顺序对程序进行扫描，即从上到下和从左到右地扫描每条指令，并分别从输入映像寄存器和输出映像寄存器中获取所需的数据，进行运算和处理再将程序执行结果写入寄存执行结果的输出映像寄存器中保存。注意，在整个程序未执行完毕之前，程序执行结果不会送到输出端口上。

（3）输出刷新阶段。在执行完所有用户程序后，PLC 将映像寄存器中的内容送入到寄存输出状态的输出锁存器中，再去驱动用户设备，这就是输出刷新。

PLC 重复执行上述三个阶段。每重复一次的时间称为一个扫描周期。在一个扫描周期中，PLC 的输入扫描时间和输出刷新时间一般小于 1ms，而程序执行时间因程序的长度不同而不同。PLC 的一个扫描周期一般在几十毫秒之内。

四、FX$_{2N}$ 的结构特点及产品构成

1. FX$_{2N}$ 系列产品的结构特点

FX$_{2N}$ 系列 PLC 采用一体化箱体结构，其基本单元（Basic Unit）将所有的电路含 CPU、存储器、输入输出接口及电源等都装在一个模块内，是一个完整的控制装置。FX$_{2N}$ 系列 PLC 基本单元的输入输出比为 1:1。

为了实现输入输出点数的灵活配置及功能的灵活扩展，FX$_{2N}$ 系列 PLC 还配有扩展单元（Extension Unit）、扩展模块（Extension Module）及特殊功能单元（Special Function Unit）。

扩展单元用于增加 I/O 点数的装置，内部设有电源，扩展模块用于增加 I/O 点数及改变 I/O 比例。内部无电源，用电由基本单元或扩展单元供给。因扩展单元及扩展模块无 CPU，所以必须与基本单元一起使用。特殊功能单元是一些专门用途的装置。如模拟量 I/O 单元、高速计数单元、位置控制单元、通信单元等。这些单元大多通过基本单元的扩展口连接基本单元，也可以通过编程器接口接入或通过主机上并接适配器接入，不影响原系统的扩展。FX$_{2N}$ 系列 PLC 可以根据需要，仅以基本单元或由多种单元组合使用。图 1-9 为 FX$_{2N}$ 系列 PLC 基本单元外观。

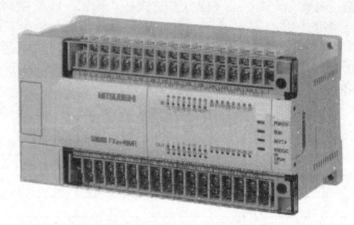

图 1-9　FX$_{2N}$ 系列 PLC 基本单元外观

2. FX 系列 PLC 型号规格及含义

FX 系列 PLC 型号规格如图 1-10 所示。

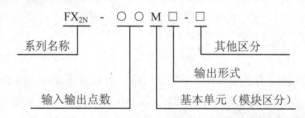

图 1-10　基本单元型号规格

（1）系列名称有：1S、1N、2N、2NC；即 FX$_{1S}$、FX$_{1N}$、FX$_{2N}$、FX$_{2NC}$。

（2）输入输出点数：指的是总点数，14～256。

（3）基本单元（模块分区）：

　　　　　M——基本单元。

　　　　　E——I/O 混合扩展单元及扩展模块。

　　　　　EX——输入专用扩展模块。

　　　　　EY——输出专用扩展模块。

（4）输出形式：R——继电器输出。

　　　　　T——晶体管输出。

　　　　　S——晶闸管输出。

（5）其他分区：D——直流电源，直流输入。

　　　　　A1——交流电源，交流输入。

H——大电流输出扩展模块（1A/点）。

V——立式端子排的扩展模块。

D——接插口 I/O 方式。

F——输入滤波器 1ms 的扩展模块。

L——TTL 输入型扩展模块。

S——独立端子（无公共端）扩展模块。

若其他分区一项无符号，说明通常指 AC 交流电源，DC 直流输入，横式端子排，继电器输出 2A/点，晶体管 0.5A/点，晶闸管输出 0.3A/点。

工作任务 2　三相异步电动机单向启动、保持、停止的 PLC 控制

能力目标

能够正确地进行 PLC 的 I/O 的分配；能够正确地将外部输入（包括 2 端和 3 端传感器）连接到 PLC；能够正确连接 PLC 的外部输出；能够对继电接触控制电路进行 PLC 程序改造；会用万用表对 PLC 电路进行检测；会用 GX 软件打开其他格式的 FX 系列的程序。

知识目标

理解并熟悉各基本指令的应用；学会 GX 编程软件及仿真功能的基本操作；掌握用户程序的输入和编辑方法。

相关知识

一、FX₂ₙ 系列 PLC 的外部配线

PLC 在工作前必须正确地接入控制系统。和 PLC 连接的主要有 PLC 电源接线、输入输出器件的接线、通信线、接地线等。

电源配线及端子排列

PLC 基本单元的供电通常有两种情况：一是直接使用工频交流电，通过交流输入端子连接，对电压的要求比较宽松，100～250V 均可使用。二是采用外部直流开关电源供电，一般配有直流 24V 输入端子。采用交流供电的 PLC 机内自带直流 24V 内部电源，为输入器件及模块供电。FX₂ₙ 系列 PLC 大多为 AC 电，直流输入形式。图 1-11 所示为 FX₂ₙ-48M 的接线端子排列图，上部端子排中标有 L 及 N 的接线位为交流电源相线及中性线的接入点。图 1-12 所示为基本单元接有扩展模块时交直流电源的配线情况。从图 1-12 可知，不带有内部电源的扩展模块所需的 24V 电源由基本单元或由带有内部电源的扩展单元提供。

（1）输入口器件的连接。

PLC 的输入口连接输入信号，器件主要有开关、按钮及各种传感器，这些都是触点类型的器件。在接入 PLC 时，每个触点的两个接头分别接一个输入点及输入公共端。PLC 内部电源能为每个输入点大约提供 7mA 工作电流。这就限制了线路长度。有源传感器在接入时必须注意与机内电源的配合。模拟量信号的输入须采用专用的模拟量工作单元。图 1-13 所示为输入器件的接线图。

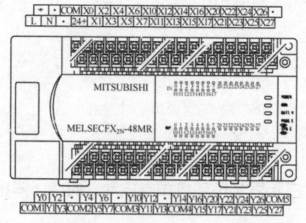

图 1-11　FX$_{2N}$ 系列 PLC 接线端子排列示例（FX$_{2N}$-48MR）

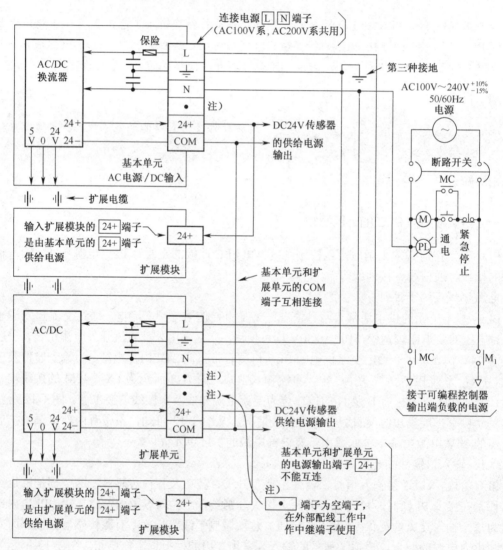

图 1-12　FX 系列 AC 电源、DC 输入型 PLC 电源配线

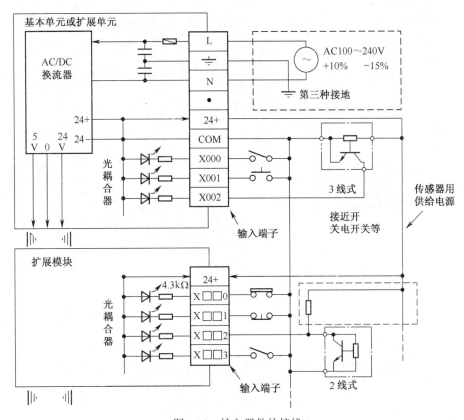

图 1-13 输入器件的接线

（2）输出器件的连接。

PLC 的输出端口上连接的器件主要是继电器、接触器、电磁阀的线圈。这些器件均采用 PLC 机外的专用电源传电，PLC 内部不过是提供一组开关接点。接入时线圈的一端接输出端口，另一端经电源接输出公共端。由于输出端口连接线圈的种类较多。所需的电源种类及电压不同，输出口公共端常分为许多组，而且组间是隔离的。PLC 的输出端口的额定电流通常为 2A，大电流的执行器件必须配合中间继电器使用。如图 1-14 所示为输出器件继电器的连接图。

（3）通迅线的连接。

PLC 一般设有专用的通信口，通常为 RS-485 口或 RS-422 口，FX_{2N} 型 PLC 为 RS-422 口。与通信口接线常采用专用的接插件连接。

（4）接地线的连接。

FX_{2N} 型 PLC 的接地采用第三种接地。如图 1-15 所示为 PLC 接地线的连接图。

二、FX_{2N} 系列 PLC 编程器件及功能

1. PLC 编程器件概述

PLC 内部有许多具有不同功能的器件，实际上这些器件是由电子电路和存储器组成的。例如，输入继电器 X 由输入电路和映像输入点的存储器组成；输出继电器 Y 由输出电路和映像输出点的存储器组成；定时器 T、计数器 C、辅助继电器 M、状态继电器 S、数据寄存器 D、变址寄存器 V/Z 等都由存储器组成。为了把它们与通常的硬器件分开，通常把上面的器件称为软器件，是等效概念抽象模拟的器件，并非实际的物理器件。从工作过程看，只注重器件的

功能和器件的名称，例如，输入继电器 X、输出继电器 Y 等，而且每个器件都有确定的地址编号，这对编程十分重要。

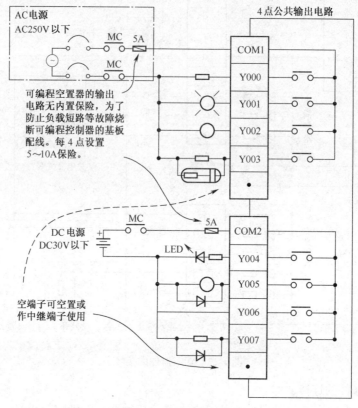

图 1-14　输出器件的接线

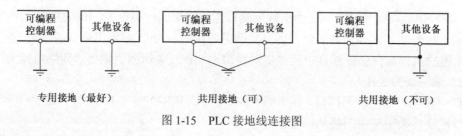

图 1-15　PLC 接地线连接图

2. FX$_{2N}$ 系列 PLC 编程器件（X/Y）

（1）输入/输出继电器（X/Y）。

1）输入继电器（X）输入继电器是 PLC 中专门用来接收系统输入信号的内部虚拟继电器。它由 PLC 工作原理来完成继电器的功能。它在 PLC 内部与输入端子相连，它有无数的常开触点和常闭触点，这些动合、动断触点可在 PLC 编程时随意使用。这种输入继电器不能用程序驱动，只能由输入信号驱动。FX 系列 PLC 的输入继电器采用八进制编号。因此存在 8、9 这样的数值。FX$_{2N}$ 系列 PLC 带扩展时最多可达 184 点输入继电器，其编号为 X0～X267。

2）输出继电器（Y）输出继电器是 PLC 中专门用来将运算结果信号经输出接口电路及输出端子送达并控制外部负载的虚拟继电器。它在 PLC 内部直接与输出接口电路相连，它有无数的动合触点与动断触点，这些动合与动断触点可在 PLC 编程时随意使用。外部无法直接驱动继电器，它只能用程序驱动。

三、三菱 PLC 基本指令（LD、LDI、OUT、AND、ANI、OR、ORI）

1. 逻辑取及输出指令（LD、LDI、OUT）

（1）指令作用。

LD（取正）为常开触头逻辑运算起始指令，LDI（取反）则为常闭触头逻辑运算起始指令，OUT（输出）用于线圈驱动，其驱动对象有输出继电器（Y）、辅助继电器（M）、状态继电器（S）、定时器（T）、计数器（C）等。OUT 指令不能用于输入继电器，OUT 指令驱动定时器（T）、计数器（C）时，必须设置常数 K 或数据寄存器值。

（2）指令应用举例。

图 1-16 是由 LD、LDI、OUT 指令组成的梯形图，其中 OUT M100 和 OUT T0 的线圈可并联使用。

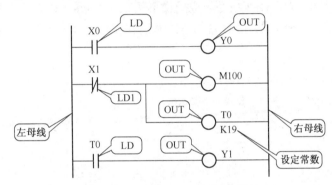

图 1-16　LD、LDI、OUT 图形符号

该梯形图对应的语句指令程序为：

程序步	语句		注释
1	LD	X0	//与左母线相连
2	OUT	Y0	//驱动线圈
3	LDI	X1	
4	OUT	M100	//驱动通用辅助继电器
5	OUT	T0	//驱动定时器
	K19		//设定常数
6	LD	T0	
7	OUT	Y1	

2. 触头串联指令（AND、ANI）

（1）指令作用。

AND（与）用于常开触头串联连接，ANI 则用于常闭触头串联连接。

（2）指令应用举例。

如图 1-17 所示是由 AND、ANI 指令组成的梯形图。OUT 指令之后可通过触头对其他线圈使用 OUT 指令，称为纵向输出或连续输出。例在 OUT　M101 指令后，可通过触头 T1 对线圈 Y4 使用 OUT 进行连续输出，如果顺序不错，可多次重复使用连续输出。

该梯形图对应的语句指令程序为：

　　　　LD　　　X2

ANI	X0	//串联常 UFT 触头
OUT	Y3	
LD	Y3	
ANI	X3	//串联常闭触头
OUT	M101	
AND	T1	//串联触头
OUT	Y4	//连续输出

3. 触头并联指令（OR、ORI）

（1）指令作用。

OR（或）是常开触头并联连接指令，ORI（或反）是常闭触头并联连接指令。除第一行并联支路外，其余并联支路上若只有一个触头时就可使用 OR、ORI 指令。OR、ORI 指令一般跟随 LD、LDI 指令后，对 LD、LDI 指令规定的触头再并联一个触头。

（2）指令应用举例。

如图 1-18 所示是由 OR、ORI 指令组成的梯形图。由于 OR、ORI 指令只能将一个触头并联到一条支路的两端，即梯形图中 M103 或 M110 所在支路只有一个触头，梯形图对应的语句指令程序程序为：

LD	X4	
OR	X6	//并联一个常开触头
ORI	M102	//并联一个常闭触头
OUT	Y5	
LDI	Y5	
AND	X7	
OR	M103	//并联一个常开触头
ANI	X10	
ORI	M110	//并联一个常闭触头
OUT	M103	

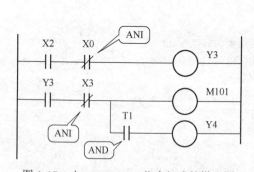

图 1-17　由 AND、ANI 指令组成的梯形图

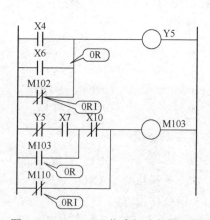

图 1-18　OR、ORI 指令组成的梯形图

四、GX Developer 编程软件的使用

1. 编程软件工作界面的打开

（1）双击桌面上的 GX Developer 图标，如果桌面上没有 GX Developer 图标，也可通过执行"开始"→"程序"→"MELSOFT 应用程序"→GX Developer 命令打开程序，如图 1-19 所示。

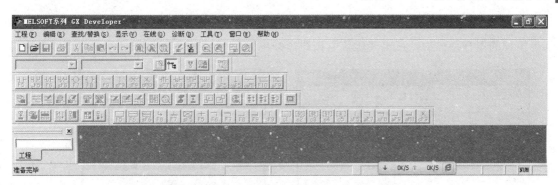

图 1-19 GX Developer 编程软件的工作界面

（2）单击工具栏上的"工程"选项，出现如图 1-20 所示的菜单。

（3）单击"创建新工程"，弹出如图 1-21 所示对话框。

图 1-20 "工程"菜单

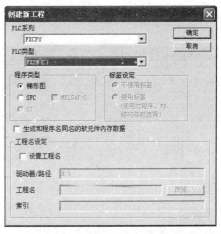

图 1-21 "创建新工程"对话框

"创建新工程"对话框中的内容说明：

1）PLC 系列：选择使用的 PLC 类型，如 Q 系列、QnA 系列、A 系列、FXPLC 中的一种。如选择 FX 系列，就选中 FXCPU 这一项。

2）PLC 类型：根据已选定的 PLC 系列，确定 PLC 的型号。例如选中的是 FXCPU，则可以从 FX0N、FX1N、FX2N、FX1S、等型号中选择，选择时要与实际操作的 PLC 面板上的型号一致。如你用的是 FX2N-48MR，则在此项中就选 FX2N。

3）程序类型：用梯形图编程选"梯形图"；用 SFC（顺序功能图）编程选 SFC。

4）标签设定：默认为"不使用标签"。

5）生成和程序同名的软元件内存数据：选中后，新建工程时生产和程序同名的软元件内存数据。

6）工程名设定：工程名可以在编程前设定，也可以在完成后设定。在编程时设定时，在如图 1-21 所示的对话框中选中"设置工程名"复选框,如图 1-22 所示。单击"浏览"按钮,选择工程的保存路径后,点击"确认"按钮,弹出如图 1-23 所示对话框,索引栏可以不填。

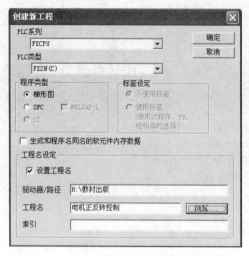

图 1-22　填写工程名

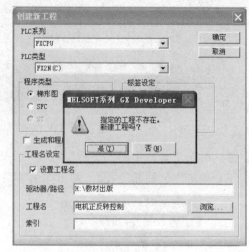

图 1-23　确认信息

单击"是"按钮出现工程为"电机正反转控制"的编程界面,如图 1-24 所示。在编程界面顶栏出现该工程的存放路径,编程完成后程序就自动保存到该工程名下。

图 1-24　工程名为"电机正反转控制"的编程界面

如果编程完成后再设定工程名,则需要单击菜单栏上"工程"→"另存工程为"命令,如图 1-25 所示。其他操作方法与上述一致。

2. 关闭和保存工程

(1)关闭工程。关闭一个没有事先设定工程名的程序或者一个正在编辑的程序时,会弹出一个对话框,如图 1-26 所示,如果希望保存工程就选"是",否则选择"否"。如果弹出的是如图 1-27 所示的对话框,则说明程序中含有未变换过的梯形图,需要点"否"回到编程界面上再按工具栏上的"变换"选项或按 F4 进行转换再关闭。

(2)保存工程。保存工程的操作和其他软件操作一样,单击"工程"→"另存工程为"命令,弹出"另存工程为"对话框,如图 1-28 所示。选择"驱动器/路径"名,输入"工程名",单击"保存"按钮,完成工程的保存。

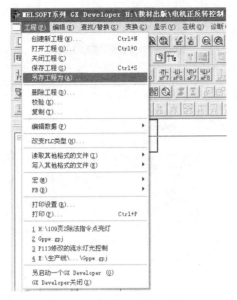

图 1-25　编程完后保存方法

图 1-26　提示是否保存工程对话框

图 1-27　含有未变换的梯形图的提示对话框

图 1-28　"另存工程为"对话框

3. 打开工程

打开工程即读取已保存的工程程序。操作方法是在编程界面上单击"工程"→"打开工程"命令，如图 1-29 所示。点击"打开工程"后，弹出如图 1-30 所示对话框。选中要打开的工程名，这个工程名就会自动写入工程名栏中，如图 1-31 所示，单击"打开"按钮即可。

4. 梯形图的编辑

新建完工程后，会弹出梯形图编辑界面如图 1-32 所示。界面左边是参数区，主要设置 PLC 的各种参数；右边是程序区，程序均编辑在此。程序区有一蓝色光标，在输入梯形图时要把它移动到需要进行程序编辑的位置进行输入。如果出现蓝色光块，说明未进入"写入"状态，单击"写入"图标，蓝色光块变成蓝色光标，才可以进行梯形图编辑，如图 1-32 所示。

图 1-29　打开工程

图 1-30　"打开工程"对话框

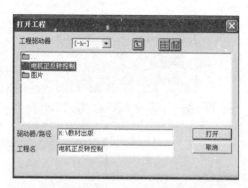

图 1-31　选中工程名

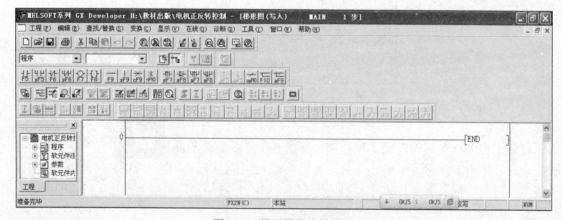

图 1-32　梯形图的编辑界面

　　梯形图的编辑有四种方法，各有千秋，读者可以根据自己的爱好和习惯选择其中一种。

　　（1）快捷方式输入。如图 1-33 所示。快捷方式的操作方法如下：要在某处输入触点、指令、划线和分支等，先把蓝色光标移动到要编辑梯形图的地方，然后在菜单上单击相应的快捷图标，或按一下快捷图标下方所表示的快捷键即可。

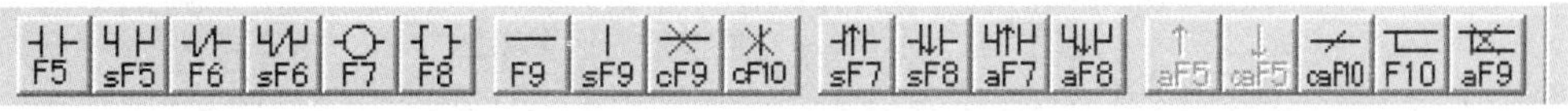

图 1-33　工具条中的快捷图标

例如，若要在开始输入 X000 常开触点快捷图标，按快捷图标或按快捷键 F5，即弹出如图 1-34 所示的对话框。

图 1-34　"梯形图输入"对话框

键盘输入 X0，单击"确定"按钮，这时，在程序区里出现了一个标号为 X0 的常开触点，且其所在程序行变成灰色，表示该程序行进入编辑区。实际上，一条指令（LD X000）已经编辑完成。

其他的触点、线圈、指令、划线等都可以通过单击相应快捷图标来编辑完成，但唯独"划线输入（F10）"图标单击后呈按下状态，这时，用鼠标左键压住光标进行拖动就形成了下拉右撇的分支线，如图 1-35 所示。

图 1-35　梯形图划线的输入

一个完整的程序可以全部通过单击快捷图标来编辑完成。如果修改或者删除，也先要把蓝色光标移动到需要修改或者删除之处，修改只要重新单击输入即可；删除只要按下键盘上的 Del 键即可。但"横直线"与"竖直线"必须单击快捷图标才能删除。同理，划线操作相同。

（2）键盘输入。用键盘输入一条一条的指令。例如，在开始输入 X0 常开触点时，刚输入字母 L 后，就出现"梯形图输入"对话框，如图 1-36 所示。继续输入指令"LD X0"，单击"确定"按钮，软元件就放置到梯形图界面，软元件在梯形图上自动默认为三位数。常开触点 X0 已经编辑完成。然后按照梯形图在相应的位置上把一条一条指令输入即可。但是，碰到"画竖线"、"画横线"划线输入仍然需要单击图标完成。梯形图的修改、删除和快捷方式相同。

梯形图输入

| | ▼ | ld x0 | | 确定 | 取消 | 帮助 |

图 1-36　"梯形图输入"对话框

（3）菜单输入。单击菜单中的"编辑"→"梯形图标记"→"常开触点"命令，在弹出的对话框中输入"X0"后单击"确定"按钮，常开触点"X0"即编辑完成。

（4）直接从键盘上的功能键输入软元件。软元件与功能键的对应关系如图 1-37 所示。其中，sF5、cF9、aF7、caF10 中的 s、c、a、ca 分别表示 Shift、Ctrl、Alt、Ctrl+Alt。即操作 sF5 时，要把 Shift 和 F5 同时按下；操作 cF9 时，要把 Ctrl 和 F9 同时按下；操作 caF10 时，要把 Ctrl、Alt 和 F10 同时按下。用功能直接输入软元件时，由于不再用鼠标，光标移动靠方向键与 Tab 键配合使用，"取消"用 Esc 键。

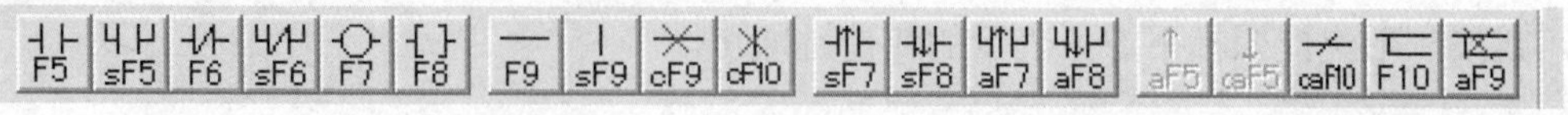

图 1-37   软元件与功能键的对应关系

5. 程序注释的输入

梯形图程序完成后，如果不加注释，那么过一段时间，就会看不明白。这是因为梯形图的可读性较差。加上程序编制因人而异，完成同样的控制功能有许多不同的程序编制方法。给程序加上注释，可以增加程序的可读性，方便交流和对程序进行修改。注释可以在编程时输入，一边输入软元件一边输入注释；也可以在编程结束后，对程序转换后再进行注释。

编程软件 GX Developer 对梯形图有三种注释内容，如图 1-38 所示。分别为"注释编辑"、"声明编辑"、"注解编辑"。

现以电机正反转控制程序为例分别介绍如下：

（1）注释编辑。这是对梯形图中的触点和线圈添加注释。操作方法如下：单击菜单中的"编辑"→"文档生成"→"注释编辑"命令，或单击工具栏上的"注释编辑"图标，这时梯形图之间的行距拉开，把光标移动到要注释的触点 X0 处，双击光标，弹出如图 1-39 所示的"输入注释"对话框。在方框内填上"正转启动"，单击"确定"按钮，注释文字即出现在 X0下方。同理在 X3 和 X1 下作出"停止"和"反转启动"的注释，如图 1-40 所示。

图 1-38   程序注释图标   图 1-39   "输入注释"对话框

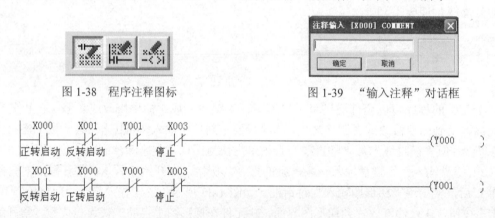

图 1-40   注释编辑

（2）声明编辑。这是对梯形图中某一行程序或某一段程序进行说明注释。操作方法如下：单击"声明编辑"图标，将光标放在要编辑的行首，双击光标，弹出如图 1-41 所示的对话框。在对话框内填上声明文字，单击"确定"按钮，声明文字即加到相应的行首。

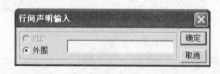

图 1-41   "行间声明输入"对话框

现仍以电机正反转控制程序为例：在图 1-41 所示对话框中填入"正反转控制程序"字样。单击"确定"按钮，这时会出现程序为灰色状态，单击菜单栏上的"变换"→"变换"命令或按 F4 键，程序编译完成，这时，程序说明出现在左上方，如图 1-42 所示。

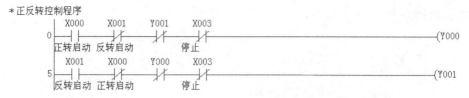

图 1-42 声明编辑

（3）注解编辑。这是对梯形图中输出线圈或功能指令进行说明注释。操作方法如下：单击"注解编辑"图标，将光标放在要注解的输出线圈或功能指令处，双击光标，弹出如图 1-43 所示的对话框。在对话框内填上注解文字，单击"确定"按钮，注解文字即加到相应的输出线圈或功能指令的左上方。

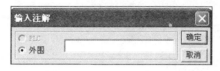

图 1-43 "注解编辑"编辑对话框

仍以"正反转控制"程序为例，将光标移动到输出线圈 Y0 处，双击光标，在对话框中填入"正转"字样，单击"确定"按钮。同样的道理，在输出线圈 Y1 处标注"反转"字样。程序行变成灰色状态，再次按 F4 键进行变换，程序变成白色，如图 1-44 所示。

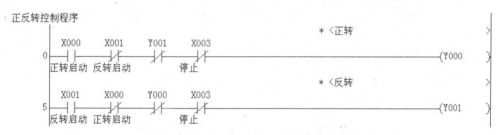

图 1-44 注解编辑

（4）批量注释。对于编程元件的注释，GX Developer 还设计了专门的批量表注释，其操作如下：在工程栏内（梯形图左侧栏），单击"软元件注释"前的"+"方框后双击 COMMENT 图标，出现如图 1-45 所示的批量注释。这时可以在"注释"栏内，编辑软元件名相应的内容，例如，"X0 正转启动"，"X1 反转启动"等。然后，在上面的软元件名，把 X0 换成 Y0，单击"显示"按钮，再填入"Y0 正转"、"Y1 反转"，如图 1-46 所示。

图 1-45 软元件 X 的批量表注释

照此操作，一次性把所有需要注释的编程元件注释完，然后双击在工程栏内（梯形图左侧栏）"程序"下的 MAIN，又回到梯形图画面，在触点和输出线圈处都出现了所有注释的内容，如图 1-47 所示。

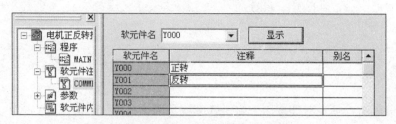

图 1-46　软元件 Y 的批量表注释

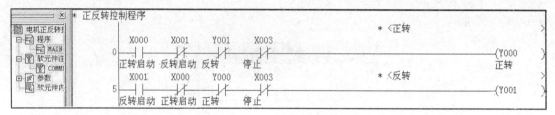

图 1-47　批量表注释显示

6. 程序的写入与读取

程序的写入，是指把在编程软件 GX Developer 上已经完全编好的程序输入 PLC，而程序的读出刚好相反，是把 PLC 中原有的程序读取到编程软件 GX Developer 中。

程序的读写实际上涉及计算机与 PLC 通信控制，因此，首先要讲一下计算机与 PLC 的连接及通信设置知识。

（1）PLC 与计算机（PC）的通信连接。

1）首先，准备好一条三菱 PLC 的通信电缆，如图 1-48 所示。用来连接 PLC 和计算机，连接方法如图 1-49 所示。连接后给 PLC 上电。

图 1-48　PLC 的通信电缆

2）设置通信端口参数。先查看计算机的串行通信端口编号，方法：右键单击"我的电脑"→"属性"命令，在弹出的"系统属性"对话框中选择"硬件"选项卡，单击"设备管理器"按钮，在弹出的"设备管理器"窗口中双击"端口"选择"通信端口（COM1）"。然后设置串口通信参数，操作如下：单击编程软件 GX Developer 编程界面上菜单栏中"在线（O）"→"传输设置（C）"命令，弹出"传输设置"对话框，双击图中"串行"图标即弹出"PC I/F 串口详细设置"对话框，如图 1-50 所示。

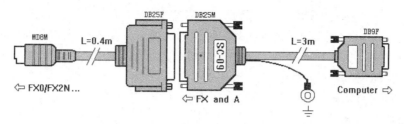

图 1-49　PLC 与计算机接口连接示意图

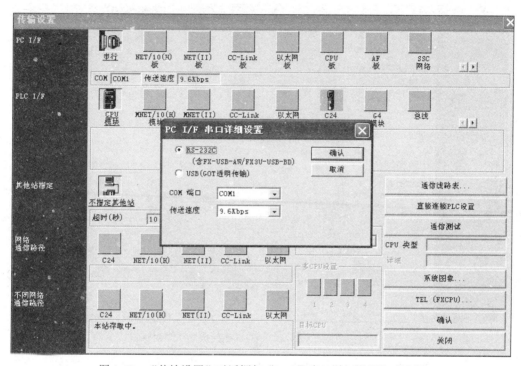

图 1-50　"传输设置"对话框与"PC I/F 串口详细设置"对话框

用一般的串口通信电缆连接计算机和 PLC 时，串口都是 COM1，而系统默认情况下也是 COM1，所以，不需要更改设置就可以直接与 PLC 通信。串口设置正确后，单击"通信测试"按钮，若弹出如图 1-51 所示"与 FX2N（C）CPU 连接成功了"的对话框，则说明可以与 PLC 进行通信。若出现"不能与 PLC 通信，可能原因……"对话框，则说明计算机和 PLC 不能建立通信，请检查有关事项，直到单击"通信测试"后显示"连接成功"为止。通信测试成功后，单击"确认"按钮，则会回到工程主画面，如图 1-52 所示。

（2）程序的写入和程序的读取。程序的"写入"是指把编写好的程序输入到 PLC 中，程序的"写入"也称"下载"。程序的"读取"是指把 PLC 中的程序上传到编程界面来，程序的"读取"也称"上传"。在程序的写入和读取上，GX Developer 软件可以读写其中一段程序（一个完整的程序不读取完）；对程序的"软元件注释"、"参数"也可单独选择。

1）程序的下载。单击"在线（O）"菜单，在下拉菜单中选择"PLC 写入"命令，弹出如图 1-53 所示的对话框。选择需要下载的内容（通常注释不选择，选择的话可能会出现如图 1-54 所示对话框。这是因为 PLC 内存不大，仅 8K，存放不了太多的文字），勾选程序和参数下拉菜单中的 MAIN 和 PLC 参数，如图 1-55 所示。选择"程序"选项卡，对话框如图 1-56 所示，在"指定范围"的下拉菜单选择"步范围",步范围从"0"步算起,到 END 步结束(有的版本是到 END 的前一步结束),单击"执行"按钮后,弹出如图 1-57 所示的对话框,若出现如图 1-58 所示对话框,则说明此时 PLC 没有"STOP"(关闭),PLC 左端口边上的"RUN/STOP"开关处于"RUN"位置。处理的办法有两个:一是用手动关闭,把"RUN/STOP"开关拨到"STOP"位置;二是执行远程 STOP 操作,让电脑自动去关闭。如果是让电脑自动去关闭,在如图 1-59 所示的对话框中单击"是"按钮即可。

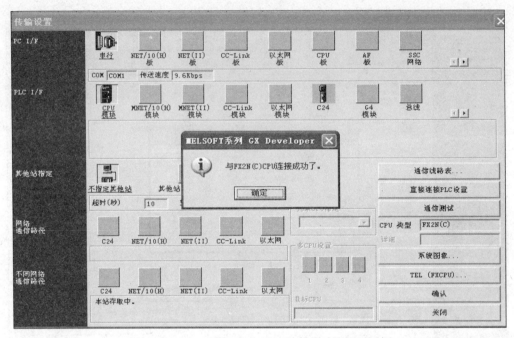

图 1-51　"与 FX2N(C)CPU 连接成功了"对话框

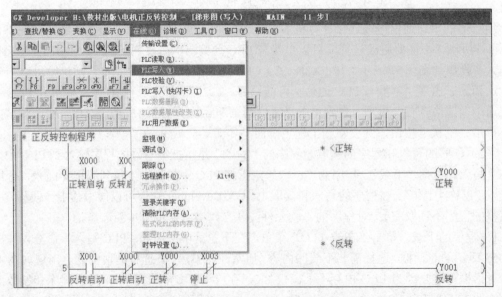

图 1-52　工程主画面

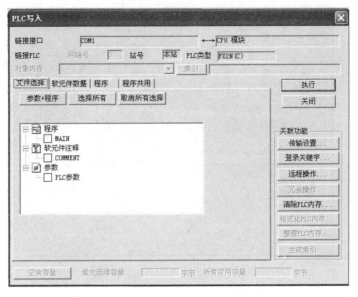

图 1-53　"PLC 写入"对话框

图 1-54　读入的数据超过 PLC 容量的提示

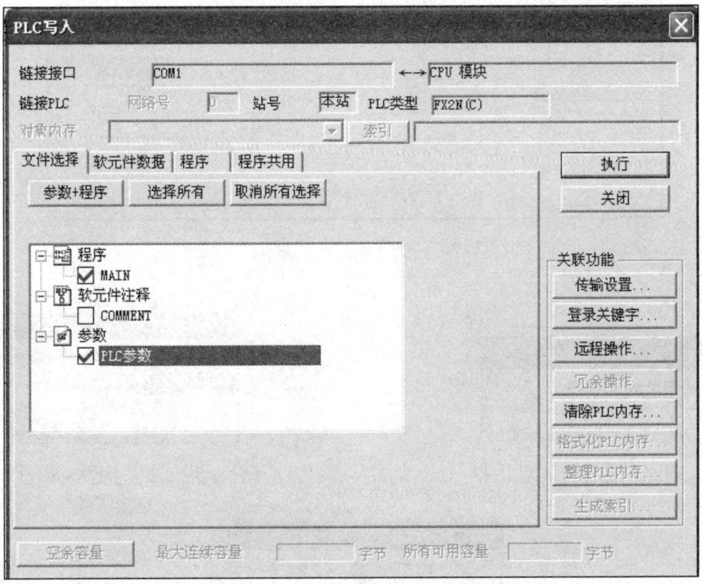

图 1-55　选中需要下载的内容

采用远程关闭操作后，会弹出如图 1-60 所示的对话框，提示是否要进行远程开启，单击"是"按钮，电脑将自动开启 PLC，同时执行运行的操作。最后，把写入的对话框关闭即可。如是手动关闭的，则操作时要手动打开。

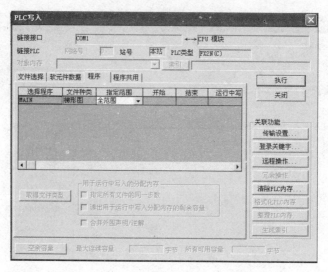

图 1-56 下载的程序范围选择对话框

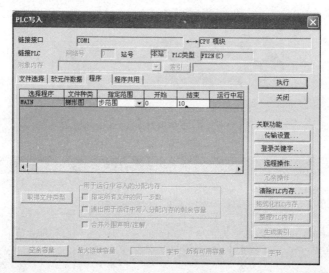

图 1-57 写入步范围

图 1-58 PLC 写入确认对话框

图 1-59 执行远程 STOP 对话框

图 1-60 执行远程运行对话框

2）程序的上传。上传的操作步骤是：单击"在线"→"PLC 读取"命令，弹出如图 1-61 所示的对话框。选中要读取的内容，然后单击"执行"按钮。因为读取的程序一般不知道它的步长。如果知道读取的程序范围（只要包含程序实际范围即可，例如程序实际范围是0～15，输入 0～80，这样上传的时间就要少许多），则可以点击"程序"选项卡，选择范围，这样读取的速度会快许多。至于此时 PLC 是处于 ON 状态还是 STOP 状态关系不大。

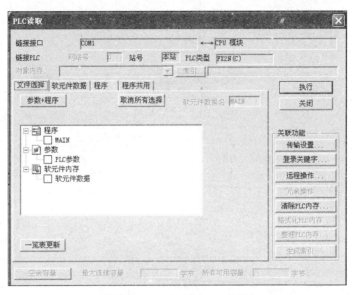

图 1-61 "PLC读取"对话框

7. 遥控运行/停止

"遥控运行/停止"是利用电脑界面来控制 PLC 的运行/停止的。操作方法是单击"在线"→"远程操作"命令，弹出如图 1-62 所示对话框。在"操作"下的 PLC 栏的下拉菜单中选择 STOP，单击"执行"按钮，则远程控制将 PLC 关闭；在 PLC 栏的下拉菜单中选择 RUN，单击"执行"按钮，则远程控制使 PLC 运行。

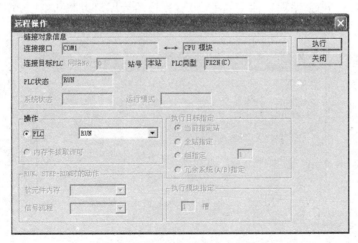

图 1-62 "远程操作"对话框

8. 在线监视

在线监视是通过电脑界面，实时监视 PLC 程序执行情况。操作方法是：单击"在线"→"监视"→"监视模式"命令，如图 1-63 所示。处于监视模式的程序，触点、线圈闭合会显示蓝色，运行的定时器会显示时间值，如图 1-64 所示。

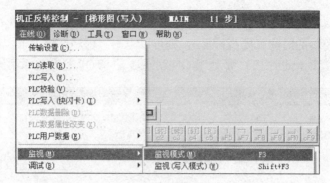

图 1-63　在线监视

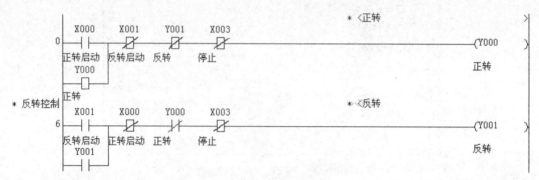

图 1-64　在线监视显示

9. 在监视中编辑程序

在监视中能够编辑程序，操作方法是：执行"在线"→"监视"→"监视（写入模式）"命令，弹出如图 1-65 所示的对话框。第一项内容打钩表明在监视写入模式的时候同时变更 RUN 中写入设定。第二项内容打钩表明在监视写入模式的时候校验连接着的可编程控制器 CPU 内的程序员和 GX Developer 编程软件上的程序，事先校验程序可以防止 RUN 中写入时的程序不一致。单击"确定"按钮即可进行实时变更程序内容或写入程序内容。

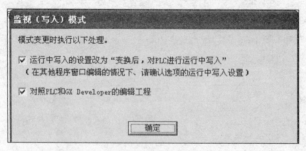

图 1-65　"监视（写入）模式"对话框

10. 软元件登录监视

为了实时监视程序运行状态，有时需要在一个画面中同时监视程序中不同位置的软元件工作状态，此时可以采用"软元件登录监视"功能。此功能的操作方法是：单击"在线"→"监视"→"软元件登录"命令，弹出如图 1-66 所示的窗口。单击图 1-66 中右边的"软元件登录"按钮，弹出如图 1-67 所示的对话框。在空格处填入需要登录监视的软元件，填入后，单击"登录"按钮，即会在图 1-66 所示的表格上出现该软元件。

图 1-66 "软元件登录"窗口

图 1-67 "软元件登录"对话框

重复上述操作,把需要登录监视的软元件都输入到"软元件登录"对话框中,如图 1-68 所示。需要登录监视的软元件输入完成后,单击"监视开始"按钮,则软元件的状态显示在表格上,如图 1-69 所示。

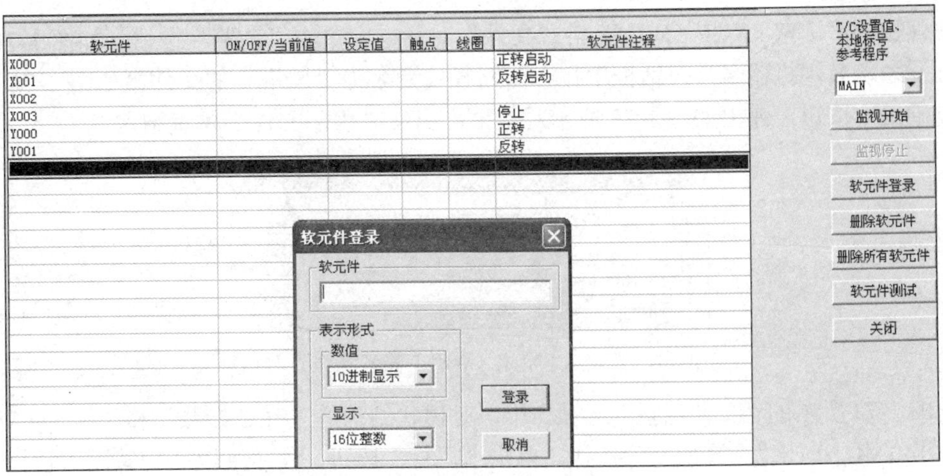

图 1-68 软元件登录表

软元件	ON/OFF/当前值	设定值	触点	线圈	软元件注释
X000				0	正转启动
X001				0	反转启动
X002				0	
X003				0	停止
Y000				1	正转
Y001				0	反转

T/C设置值、
本地标号
参考程序

MAIN

监视开始
监视停止
软元件登录
删除软元件
删除所有软元件
软元件测试
关闭

图 1-69　显示监视结果

11. 读取 FXGP/WIN 生成梯形图文件

在 GX 软件推出之前，三菱 FX 系列 PLC 是用 FXGP/WIN 来编辑程序的。GX 推出后，读取并修改 FXGP 格式文件就成为实际的需要。GX 软件设置了读取 FXGP 格式文件和转存为 GX 格式的功能。

假如在"H：\三菱 PLC\FX2N 实训程序"文件夹中有一个 FXGP 格式的梯形图文件"水塔"，则将它转换成 GX 格式梯形图文件的操作如图 1-70 所示。

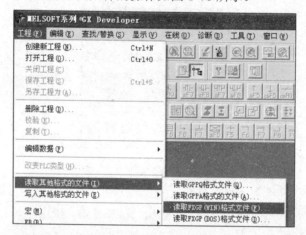

图 1-70　格式转换操作方法

在弹出的"读取 FXGP（WIN）格式文件"对话框中单击"浏览"按钮，如图 1-71 所示，在"打开系统名，机器名"对话框中按上面路径找到名为"水塔"的文件，如图 1-72 所示。单击"确定"按钮，弹出如图 1-73 所示对话框，出现"程序文件"树状结构。

图 1-71　"读取 FXGP（WIN）格式文件"对话框

在图 1-73 所示的"文件选择"选项卡中，对树状结构的"PLC 参数"和"程序（MAIN）"前都打了红钩，单击"选择所有"按钮。单击"执行"按钮，程序读取完毕关闭对话框后在程序编辑区显示读出程序。

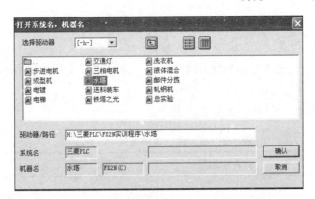

图 1-72 "打开系统名，机器名"对话框

图 1-73 "读取 FXGP（WIN）格式文件"对话框

单击"工程"→"另存工程为"命令，在"另存工程"对话框内设置驱动器、路径及工程名，单击"保存"按钮则该程序将用 GX 格式保存。

如果想用 FXGP/WIN 软件打开 GX 软件，则必须在 GX 软件为把程序转换为 FXGP 格式保存，然后，再用 FXGP/WIN 软件打开。

任务实施——三相异步电动机启、保、停电路的 PLC 改造

1. 任务实施的内容

三相异步电动机启动、保持、停止的 PLC 改造。

2. 任务实施要求

（1）熟悉 FX$_{2N}$ 系列 PLC 的组成，电路接线和开机步骤。

（2）熟悉三菱 GX Developer 编程软件的使用方法。

（3）以起、保、停电路为例，掌握基本逻辑指令 LD、LDI、AND、ANI、OR、ORI 的使用方法。

（4）学会用基本逻辑指令实现顺控系统的编程。

（5）学会 PLC 程序调试的基本步骤及方法。

（6）学会用 PLC 改造继电器典型电路的方法。

（7）学会在 GX Developer 编程软件中梯形图与指令转换的方法。

3. 设备、器材及仪表

个人 PC 机 1 台、三菱 FX$_{2N}$-48MR PLC 1 台、连接电缆 1 根、操作板 1 块、电动机 1 台、万用表 1 个。

4. 确定 I/O 分配表，如表 1-2 所示。

表 1-2　启、保、停电路的 I/O 分配表

输入设备	输入点编号	输出设备	输出点编号
启动按钮 SB1	X0	KM	Y0
停止按钮 SB3	X3		

5. 任务实施的线路图

线路图如图 1-74 所示。

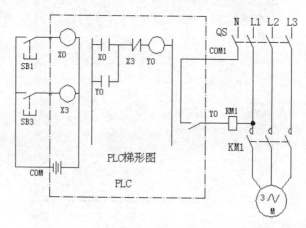

图 1-74　PLC 控制的启、保、停硬件连接及等效电路

6. 任务实施步骤

（1）了解 FX$_{2N}$-48MR PLC 的组成，熟悉 PLC 的电源、输入信号端 X 和公共端 COM、输出信号端 Y 和公共端 COM1～COM5；PLC 的编程口及 PC 机的串行通信口、编程电缆的连接；RUN/STOP 开关及各类指示灯的作用等。

（2）在 PC 机启动三菱 GX Developer 编程软件，新建工程，进入编程环境。

（3）根据实验内容，在 GX Developer 编程环境下输入梯形图程序，转换后，下载到 PLC 中。

（4）按图 1-74 所示电路图接好线，让 PLC 处于 RUN 状态，按下启动按钮 SB1，观察 PLC 的 Y0 输出点指示灯是否亮（不亮请检查电路），在亮的情况下用万用表电阻档测量 N 与 U 两点之间的电阻值（不能合上 QS），若为线圈电阻值（不是的话请检查电路），按下停止按钮 SB3，这时程序无输出，合上闸刀 QS，按下启动按钮 SB1，观察电动机的运行状态，然后按下停止按钮 SB3，观察电动机能否停止。

（5）关电，拆线、收拾工具并整理桌面。

7. 考核标准

本项任务的评分标准如表 1-3 所示。

表 1-3　电动机启、保、停电路的 PLC 控制的考核标准

序号	考核内容	考核要求	评价标准	配分	扣分	得分
1	方案设计	根据控制要求,画出 I/O 分配表,设计梯形图程序画出 PLC 的外部接线图	I/O 地址分配错误或遗漏,每处扣 1 分	30		
2	安装与接线	按 PLC 的外部接线在操作板上正确接线,要求接线正确、紧固、美观	接线不紧固每根扣 2 分 不按图接线每处扣 2 分	30		
3	程序输入与调试	学会编程软件的基本操作,正确在电脑上进行开、停 PLC 的控制,能正确将程序下载到 PLC 并按动作要求进行模拟调试,达到控制要求	不熟练操作电脑,扣 2 分 不会保存与打开程序,各扣 2 分 不会用删除、插入、修改等指令,每项扣 2 分 不会用万用表按控制要求进行检测,每一处扣 5 分 第一次试车不成功扣 5 分,第二次试车不成功扣 10 分,第三次试车不成功扣 20 分	30		
4	安全与文明生产	遵守国家相关专业安全文明生产规程,遵守学校纪律、学习态度端正	不遵守教学场所规章制度,扣 2 分 出现重大事故或人为损坏设备,扣 10 分	10		
5	备注	电气元件均采用国家统一规定的图形符号和文字符号	由教师或指定学生代表负责依据评分标准评定	合计 100 分		
小组成员签名						
教师签名						

知识拓展　关于热继电器与停止按钮在 PLC 控制电路的相关知识

1. 关于停止按钮用常开触点的问题

在任务实施中图 1-74 的硬件连接中停止按钮用常开触点的说明:如果在 PLC 的外部接线图中,全部使用常开触点,梯形图与对应的继电器电路图中触点的常开、常闭类型完全相同。建议在一般情况下尽量用常开触点提供 PLC 的输入信号。

在 PLC 的外部接线图中,全部使用常开触点的原因需要借助图 1-75 的 PLC 控制等效电路加以说明。

在图 1-74 中,PLC 梯形图与对应的继电器电路图中触点的常开、常闭类型完全相同,当按下启动按钮 SB1,输入继电器 X0 线圈得电,PLC 梯形图中对应的 X0 的常开触点闭合,PLC 梯形图中输出继电器 Y0 线圈得电,PLC 梯形图中的 Y0 常开触点闭合实现自锁,PLC 的输出触点闭合,PLC 有输出。按下停止按钮 SB3,输入继电器 X3 线圈得电,PLC 梯形图中对应的 X3 的常闭触点断开,输出继电器 Y0 线圈失电,PLC 梯形图中输出继电器 Y0 对应的自锁触点断开,解除自锁,输出继电器 Y0 的输出触点断开,PLC 没有输出。可见在 PLC 的外部接线图中,全部使用常开触点,梯形图与对应的继电器电路图的思维完全相同。这种思维已被广大电气工作者接受,故通常在 PLC 的外部接线图中,全部使用常开触点,当然对于停止按钮 SB3 也可以在 PLC 的外部接线图中使用常闭触点如使用常闭触点,PLC 硬件连接及控制等效电路应改成图 1-75 所示。

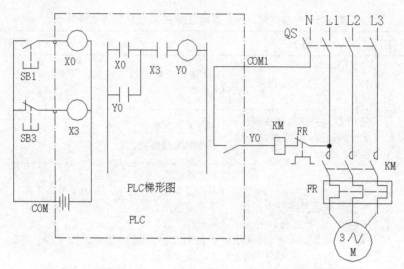

图 1-75　停止按钮为常闭的 PLC 硬件连接及控制等效电路

从图 1-75 可见，PLC 的梯形图与传统的继电器电路图中触点的常开、常闭类型不一样，这样的梯形图不合乎人们的传统思维，故在 PLC 的外部接线图中，全部使用常开触点。但急停按钮和用于安全保护的限位开关的硬件常闭触点比常开触点更为可靠。如果外接的急停按钮的常开触点接触不好或线路断线，紧急情况时按急停按钮不起作用。如果 PLC 外接的是急停按钮的常闭触点，出现上述问题时将会使设备停机，有利于及时发现和处理存在的问题。因此用急停常闭按钮和安全保护的限位开关的常闭触点给 PLC 提供输入信号最安全、最可靠。

2. 关于热继电器常闭触点与常开触点的选用问题

在上述的图 1-74 和图 1-75 都没有考虑热继电器的作用。对于连续工作的电动机，为了防止过载，都要用热继电器作过载保护。按传统的继电器电路，如果热继电器的常闭触点与交流接触器的线圈串联在控制电路中，如图 1-76 所示。此电路会造成过载保护结束后电动机自动重新运转。为了防止此类事故的发生，必须将热继电器的触点接在 PLC 的输入端，为了更合乎人们的逻辑思维，热继电器与 PLC 的连接常如图 1-77 所示，其 I/O 分配表如表 1-4 所示。

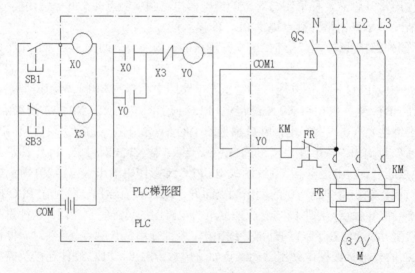

图 1-76　热继电器常闭触点与线圈串联的 PLC 硬件连接及控制等效电路

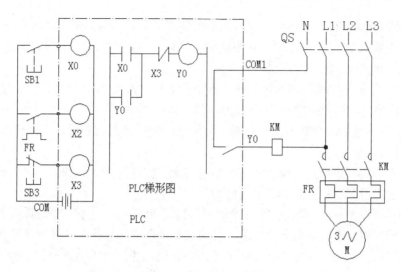

图 1-77　热继电器接在输入电路中的 PLC 硬件连接及控制等效电路

表 1-4　启、保、停带过载保护电路的 I/O 分配表

输入设备	输入点编号	输出设备	输出点编号
启动按钮 SB1	X0	接触器 KM	Y0
停止按钮 SB3	X3		
热继电器常开触点 FR	X2		

工作任务 3　电机单向点动与连动的 PLC 控制

能力目标

能够正确地进行 PLC 的 I/O 分配；能够正确地将外部输入（包括 2 端和 3 端传感器）连接到 PLC；能够正确连接 PLC 的外部输出；能够对继电接触控制电路进行 PLC 程序改造；掌握 PLC 一个输出端口多种输出状态的编程方法；会用万用表对 PLC 电路进行检测。

知识目标

理解并熟悉各基本指令的应用；学会 GX 编程软件及仿真功能的基本操作；掌握 PLC 软件的编程规则。

相关知识

一、FX₂N 系列 PLC 编程器件（M）及功能

1. 辅助继电器（M）

辅助继电器是 PLC 中数量最多的一种继电器，一般的辅助继电器与继电器控制系统中的中间继电器相似。

辅助继电器不能直接驱动外部负载，负载只能由输出继电器的外部触点驱动。辅助继电

器的常开与常闭触点在 PLC 内部编程时可无限次使用。

辅助继电器采用 M 与十进制数共同组成编号（只有输入输出继电器才用八进制数）。

（1）通用辅助继电器（M0～M499）。

FX$_{2N}$ 系列共有 500 点通用辅助继电器。通用辅助继电器在 PLC 运行时，如果电源突然断电，则全部线圈均 OFF。当电源再次接通时，除了因外部输入信号而变为 ON 以外，其余仍将保持 OFF 状态，它们没有断电保护功能。通用辅助继电器常在逻辑运算中作为辅助运算、状态暂存、移位等。

根据需要可通过程序设定，将 M0～M499 变为断电保持辅助继电器。

（2）断电保持辅助继电器（M500～M3071）。

FX$_{2N}$ 系列有 M500～M3071 共 2572 个断电保持辅助继电器。它与普通辅助继电器不同的是具有断电保护功能，即能记忆电源中断瞬时的状态，并在重新通电后再现其状态。它之所以能在电源断电时保持其原有的状态，是因为电源中断时用 PLC 中的锂电池保持它们映像寄存器中的内容。其中 M500～M1023 可由软件将其设定为通用辅助继电器。

（3）特殊辅助继电器。

PLC 内有大量的特殊辅助继电器，它们都有各自的特殊功能。FX$_{2N}$ 系列中有 256 个特殊辅助继电器，可分成触点型和线圈型两大类。

1）触点型：其线圈由 PLC 自动驱动，用户只可使用其触点。例如：

M8000：运行监视器（在 PLC 运行中接通），M8001 与 M8000 相反逻辑。

M8002：初始脉冲（仅在运行开始时瞬间接通），M8003 与 M8002 相反逻辑。

M8011、M8012、M8013 和 M8014 分别是产生 10ms、100ms、1s 和 1min 时钟脉冲的特殊辅助继电器。

2）线圈型：由用户程序驱动线圈后 PLC 执行特定的动作。例如：

M8033：若使其线圈得电，则 PLC 停止时保持输出映象存储器和数据寄存器内容。

M8034：若使其线圈得电，则将 PLC 的输出全部禁止。

M8039：若使其线圈得电，则 PLC 按 D8039 中指定的扫描时间工作。

二、仿真软件 GX Simulator 6cn 的使用

仿真软件 GX Simulator 6cn 是安装编程软件 GX Developer 的计算机内追加的软元件包，和 GX Developer 一起就能实现不带 PLC 的仿真模拟调试。

1. GX Simulator 6cn 的启动

仿真软件必须在程序编译后（由灰色转为白色后）才能启动。启动方法如图 1-78 所示或单击快捷键 ▣，两种方法都会弹出如图 1-79 所示的"梯形图逻辑测试"对话框。在 LADDER LOGIC TEST TOOL 对话框中，RUN 和 ERROR 均为灰色；在"写 PLC"对话框中，显示写入进程。写入完成，仿真软件 GX Simulator 6cn 启动成功。启动成功后，LADDER LOGIC TEST TOOL 对话框中的 RUN 变为黄色。同时，在梯形图中，蓝色光标变成蓝色方块，凡是当前接通的触点均显示蓝色。所有定时器显示当前计时时间，计数器显示当前计数值，梯形图程序已经进入仿真监控状态。

2. 启动软元件的强制操作

软元件的强制操作是指在仿真软件中模拟 PLC 的输入元件动作（强制 ON 或强制 OFF），观察程序运行情况，运行结果是否和设计结果一致。

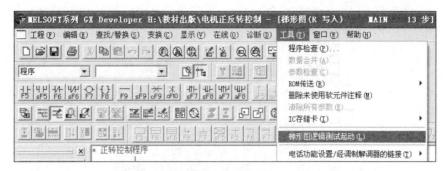

图 1-78 仿真软件 GX Simulator 6cn 的启动

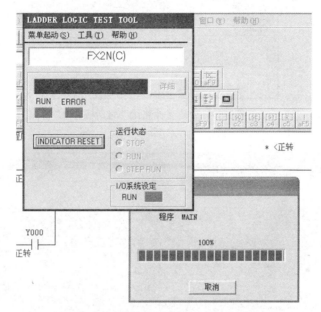

图 1-79 "梯形图逻辑测试"对话框

有三种方法进入软元件的强制操作：

（1）单击"在线"→"调试"→"软元件测试"命令。

（2）单击"软元件测试"图标 。

（3）将蓝色方块移动到需要强制的触点处，单击右键"软元件测试"。不管用哪一种方法都会出现如图 1-80 所示的"软元件测试"对话框。

在"软元件"列表框中填入需要强制操作的位元件。例如 X0、M0 等，单击"强制 ON"或"强制 OFF"按钮，程序会按照强制后状态运行。这时可以仔细观察程序中各个触点及输出线圈的变化，看它们动作结果是否和设想的一致。如果触点变成蓝色，表示处于接通状态；输出线圈两边显示蓝色，表示输出线圈接通。

如果要停止"强制 ON"，可单击"强制 OFF"按钮。但如果要停止程序运行，则必须打开 LADDER LOGIC TEST TOOL 对话框，单击运行状态栏的 STOP，再单击 RUN，程序恢复仿真运行前状态。

3. 软元件的监控

打开 LADDER LOGIC TEST TOOL 对话框，执行"菜单启动"→"继电器内存监视"命令，弹出图 1-81 所示对话框。

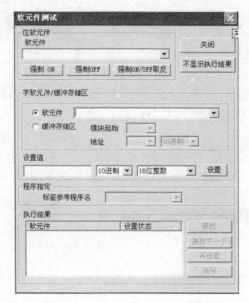

图 1-80 "软元件测试"对话框

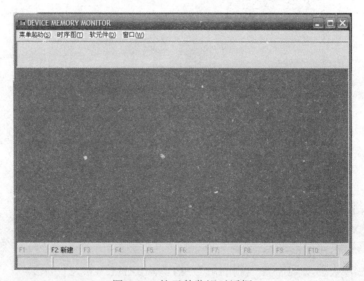

图 1-81 软元件监视对话框

单击"软元件"→"位软元件窗口"→"X"命令，弹出如图 1-82 所示的软元件 X 的监视窗口。

同样操作，可以调出所需要监视的各个位元件（Y，M 等）的窗口，并将它们缩小并列在一起，如图 1-83 所示。

启动仿真后，会看到监视窗口里，显示黄色的表示相应的软元件为接通，显示白色为关断。这样，就可以同时监视多个软元件的变化过程。比看梯形图方便、清晰得多。

在"继电器内存监视"内，也可以对位元件进行强制操作。方法如下：对准需要操作的位元件，双击，该元件被强制 ON，显示黄色；再次双击，被强制 OFF，显示白色。非常方便，而不需要打开"软元件测试"对话框进行强制操作。

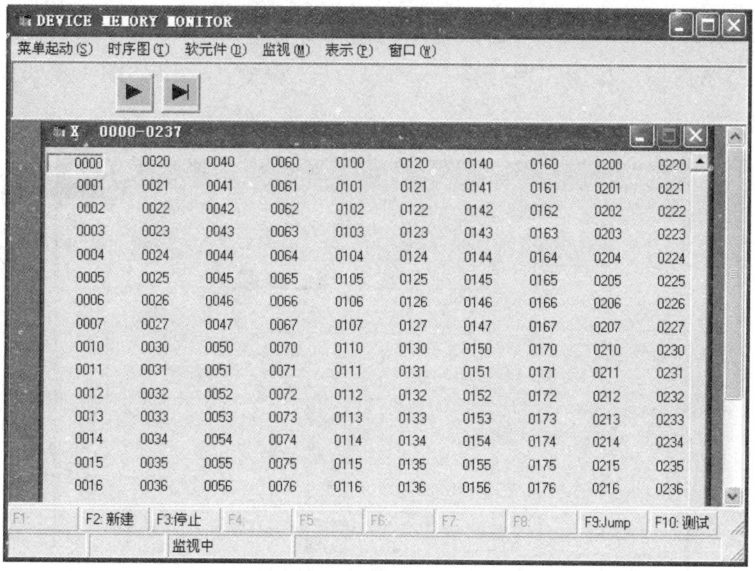

图 1-82 软元件 X 的监视窗口

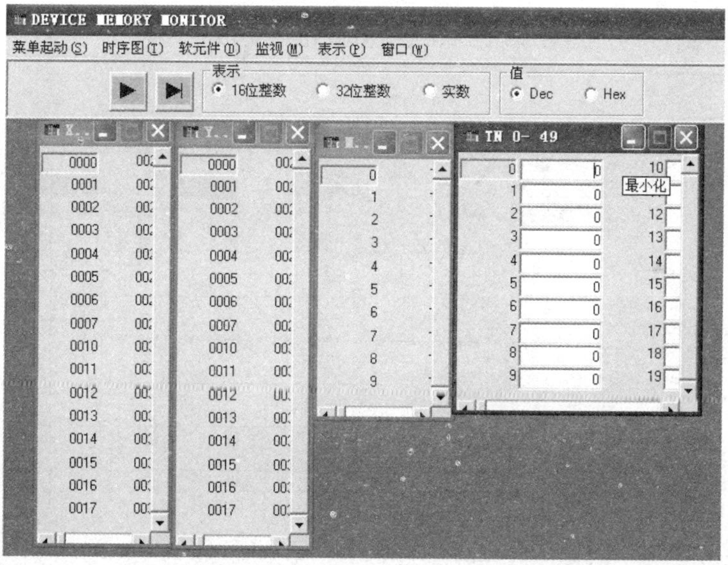

图 1-83 监视的各个位元件缩小并列窗口

在图 1-83 所示窗口上方，有两个黑色三角形按钮，它的功能是当软元件的编号不在所显示的屏上时，单击左边按钮，则一屏一屏往下显示；单击右边按钮，显示该元件最大号屏。

如果监控结果导致要对程序进行修改时，就要退出 PLC 仿真运行，退出时单击"梯形图逻辑测试/退出"图标 ▣。弹出如图 1-84 所示的提示停止梯形图逻辑测试窗口。单击"确定"按钮即可退出仿真测试。

图 1-84 提示停止梯形图测试窗口

4. 时序图监控

在图 1-83 所示窗口，单击"时序图"→"启动"命令，弹出如图 1-85 所示的"时序图"窗口。

图 1-85　"时序图"窗口

单击"监视状态"的"监控停止"（红灯）按钮，变成"正在进行监控"（绿灯），如图 1-86 所示。

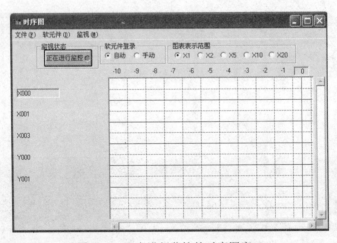

图 1-86　正在进行监控的时序图窗口

左键双击强制元件，弹出脉冲波形的时序图，每个位元件的通断时间十分清楚，非常方便分析它们之间的时序逻辑关系。

三菱 GX Developer 编程软件和 GX Simulator 6cn 仿真软件功能强大，使用特别方便，给 PLC 爱好者提供了方便的学习条件，在这里由于篇幅有限，只介绍了一些最常用的功能，至于更多功能有待读者进一步了解与熟练掌握。

三、可编程控制器梯形图编程规则

初学 PLC 梯形图编程，应要遵循一定的规则，并养成良好的习惯。下面以三菱 FX 系列 PLC 为例，简单介绍一下 PLC 梯形图编程时需要遵循的规则。有一点需要说明的是，这里虽以三菱 PLC 为例，但这些规则在其他 PLC 编程时也应同样遵守。

（1）梯形阶梯都是始于左母线，终于右母线（通常可以省掉不画，仅画左母线）。每行的左边是触点点组合，表示驱动逻辑线圈的条件，而表示结果的逻辑线圈只能接在右边的母线上。接点不能出现在线圈右边，线圈不能与左母线相连，如图 1-87 所示。

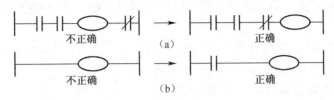

图 1-87　梯形图规则 1

（2）触点应画在水平线上，不应画在垂直线上，如图 1-88（a）所示中的触点 E 与其他触点间的关系不能识别。对此类桥式电路，应按从左到右，从上到下的单向性原则，单独画出所有的去路，如图 1-88（b）所示。

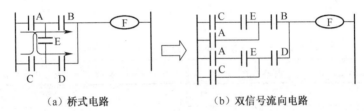

（a）桥式电路　　　　　　　　（b）双信号流向电路

图 1-88　梯形图规则 2

（3）并联块串联时，应将触点多的支路放在梯形图左方（左重右轻原则）；串联块并联时，应将触点多的并联支路放在梯形图的上方（上重下轻的原则）。这样做，程序简洁，从而减少指令的扫描时间，这对于一些大型的程序尤为重要，如图 1-89 所示。

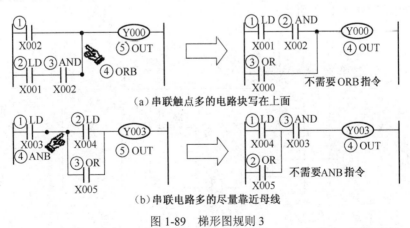

（a）串联触点多的电路块写在上面

（b）串联电路多的尽量靠近母线

图 1-89　梯形图规则 3

（4）不宜使用双线圈输出。若在同一梯形图中，同一组件的线圈使用两次或两次以上，则称为双线圈输出或线圈的重复利用。双线圈输出是一般梯形图初学者容易犯的毛病之一。在双线圈输出时，只有最后一次的线圈才有效，而前面的线圈是无效的。这是由 PLC 的扫描特性所决定的。

任务实施——三相异步电动机点动、连动电路的 PLC 改造

1. 任务实施的内容

三相异步电动机点动、连动的 PLC 控制。按下连动启动按钮 SB1，电动机连续运转，按下停止按钮 SB3 电机停止。按下点动按钮 SB2 电机运转，松开按钮 SB2 电机停转。

2. 任务实施要求

（1）学会用 PLC 改造继电器典型电路的方法；

（2）熟悉三菱 GX Developer 编程软件的使用方法；

（3）学会用仿真软件对输入口强制的方法。

（4）掌握 PLC 的编程规则。

3. 设备、器材及仪表

个人 PC 机 1 台、三菱 FX_{2N}-48MR PLC 1 台、连接电缆 1 根、操作板 1 块、电动机 1 台、万用表 1 个。

4. 确定 I/O 分配表

如表 1-5 所示。

表 1-5 点动、连动控制电路的 I/O 分配表

输入设备	输入点编号	输出设备	输出点编号
连动按钮 SB1	X1	KM	Y0
点动按钮 SB2	X2		
停止按钮 SB3	X3		
热继电器动合触点 FR	X0		

5. 任务实施的线路图

线路图如图 1-90 和 1-91 所示。

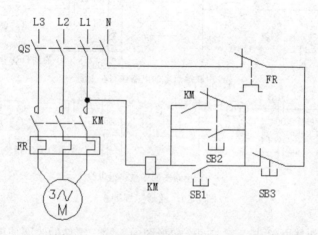

图 1-90 继电器点动与连续运行控制电路

6. 任务实施步骤

（1）绘制 I/O 口的硬件连接图，如图 1-91 所示。

（2）PLC 编程。此电路如果直接按继电器电路编程，如图 1-72 所示，由于 PLC 程序中

的软元件 X2 的动合触点与动断触点动作没有先后之分，从而造成此电路无法实现点动功能，必须进行改进。改进的方法是增加辅助继电器。由于控制输出 Y0 的方式有两种，一种是点动，由 X2 来实现；另一种是连续运行，由辅助继电器 M0 来实现。每一种方式构成输出回路中的其中一路，这样的方法思路清晰，易于实现。

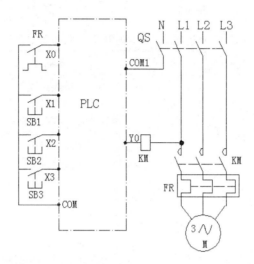

图 1-91 点动与连续运行控制电路的 I/O 接线图

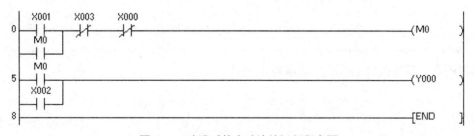

图 1-92 按继电器电路编出的程序

因为点动简单，控制点动的元件 X2 直接放置在输出回路上，而连续运行的回路上有两个开关与热继电器，X1 为启动元件，X3 为停止元件，X0 为热继电器元件，把它们串联在一起，通过内部继电器 M0 再接入主回路中，梯形图如图 1-93 所示。

图 1-93 改进后的点动连续运行程序图

（3）根据实验内容，在 GX Developer 编程环境下输入梯形图程序，转换后，下载到 PLC 中。

（4）按图 1-91 所示接好线，让 PLC 处于 RUN 状态，按下启动按钮 SB1，观察 PLC 的 Y0 输出点指示灯是否亮（不亮请检查电路），在亮的情况下用万用表电阻档测量 N 与 U 两点之间的电阻值（不能合上 QS），若为线圈电阻值（不是的话请检查电路），按下停止按钮 SB3，这时程序无输出，合上闸刀 QS，按下启动按钮 SB1，观察电动机的运行状态，然后按下停止按钮 SB3，观察电动机能否停止。

（5）关电，拆线、收拾工具并整理桌面。

7. 考核标准

本项任务的评分标准如表 1-6 所示。

表 1-6　电动机连动、点动的 PLC 控制的考核标准

序号	考核内容	考核要求	评价标准	配分	扣分	得分
1	方案设计	根据控制要求，画出 I/O 分配表，设计梯形图程序画出 PLC 的外部接线图	I/O 地址分配错误或遗漏，每处扣 1 分 梯形图表达不规范，每处扣 2 分 接线图表达不正确或画法不规范，每处扣 2 分 指令有错误，每处扣 2 分	30		
2	安装与接线	按 PLC 的外部接线在操作板上正确接线，要求接线正确、紧固、美观	接线不紧固每根扣 2 分 不按图接线每处扣 2 分	30		
3	程序输入与调试	学会编程软件的基本操作，正确在电脑上进行开、停 PLC 的控制，能正确将程序下载到 PLC 并按动作要求进行模拟调试，达到控制要求	电脑操作不熟练，扣 2 分 不会仿真软件的强制功能和批量监控各扣 2 分 不会用删除、插入、修改等指令，每项扣 2 分 不会用万用表按控制要求进行检测的，每处扣 5 分 第一次试车不成功扣 5 分，第二次试车不成功扣 10 分，第三次试车不成功扣 20 分	30		
4	安全与文明生产	遵守国家相关专业安全文明生产规程，遵守学校纪律、学习态度端正	不遵守教学场所规章制度，扣 2 分 出现重大事故或人为损坏设备，扣 10 分	10		
5	备注	电气元件均采用国家统一规定的图形符号和文字符号	由教师或指定学生代表负责依据评分标准评定	合 计 100 分		
小组成员签名						
教师签名						

知识拓展　基本逻辑指令的经验编程法简介

经验编程法类似于传统的继电器电路设计法，对于有继电器电路基础知识的电气工作人员特别适用。经验编程法是在一些典型的继电器电路的基础上，根据控制对象对控制系统的具体要求写出 PLC 程序。这种编程方法有时需要多次调试和修改，增加一些触点或中间编程元件，最后才能得到一个满意的结果。

经验设计法没有什么经验可循，具有很大的试探性和随意性，最后的程序也不是唯一的，设计所用的时间、设计的质量与设计者的经验有很大的关系，一般用于较简单的梯形图设计。本章对一些常用的继电器电路图，用经验编程法进行 PLC 改造，从而得出经验编程法的一些最基本的规律供读者参考。

1. 用经验编程法进行 PLC 编程的步骤

（1）熟悉过程，分析原理。

熟悉被控制设备的加工工艺与机械动作过程，根据继电器电路图分析和掌握控制系统的工作原理。

如图 1-94 是一个电动机的点动控制电路。电路的工作原理：略。

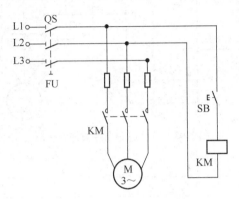

图 1-94 点动控制电路

（2）确定 PLC 的输入信号和输出负载。

在继电器电路图中，交流接触器和电磁阀等执行机构用 PLC 的输出继电器来控制，它们的线圈接在 PLC 的输出端，称为 PLC 的输出负载。如图 1-94 所示的电路中，输出负载为 KM。按钮、控制开关、限位开关、接近开关等用来给 PLC 提供控制命令和反馈信号的称为 PLC 的输入信号，它们的触点接在 PLC 的输入端。图 1-94 所示的电路中，输入信号为 SB。

继电器电路中的中间继电器和时间继电器的功能用 PLC 内部的辅助继电器来完成，它们与 PLC 的输入、输出继电器无关。

（3）写出 PLC 的输入输出地址分配表。

在绘制 PLC 外部接线图前，一般先要确定 PLC 的各输入信号和输出负载对应的输入继电器和输出继电器的元件号，通常把这个工作称为写出 PLC 的地址分配表（I/O 分配表）。图 1-94 的输入输出地址分配如表 1-7 所示。

表 1-7 点动控制电路的 I/O 分配表

输入设备	输入点编号	输出设备	输出点编号
点动按钮 SB	X0	接触器 KM	Y0

（4）绘制 PLC 的外部接线图。

PLC 的外部接线图也称输入输出接口图或硬件连接图，它能明确标出 PLC 各输入输出点与外部元件的连接状态，是进行 PLC 硬件连接的依据。图 1-95 为图 1-94 点动控制电路的 PLC 外部接线图。

（5）设计梯形图。

依据继电器电路设计 PLC 梯形图，图 1-94 的点动控制电路的梯形图如图 1-96 示。

（6）指令。

在 PLC 编程软件中，指令可以根据梯形图自动生成。方法为在梯形图编程界面上点击图标。与图 1-96 的梯形图相对应的指令如图 1-97 所示。

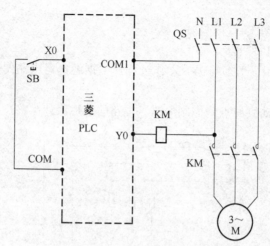

图 1-95　点动控制电路硬件连接图

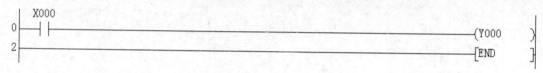

图 1-96　点动控制电路梯形图

```
0  LD    X000
1  OUT   Y000
2  END
```

图 1-97　指令

2. 用经验法编程的注意事项

（1）设计梯形图与设计继电器电路时使用元件的原则是不同的。

梯形图是一种软件，编程时多用一些软元件成本也不会增加，而且软元件的使用次数不受限制，所以，编写梯形图时是以电路结构清晰、易于理解为原则，不用考虑元件的多少，特别是一些辅助元件（例如 M、T、C），尽可能多地使用。而继电器电路是一种纯硬件电路，为了节约硬件成本，设计时会考虑到尽量少用元件触点。出于这样的目的，电路会设计得比较复杂，某些电路会交织在一起，增加了读图的难度。

（2）对交织在一起的电路的处理。

如果发现继电器电路中交织在一起的电路较多，处理方法一般是以输出设备为依据，重新理顺相互关系，PLC 辅助继电器 M、S 对电路进行重新设计，以达到相同功能。

（3）软件互锁与硬件互锁。

为了防止硬件设备出问题而造成事故，一般要求用 PLC 编程时，除在梯形图上设置互锁外，还要在 PLC 输出回路中设置硬件互锁。

（4）关于用 AC220V 不用 AC380V 的说明。

传统继电器电路中，许多接触器线圈的电压都是 AC380V 的，但在 PLC 的硬件连接中，用 AC220V 代替 AC380V 能延长 PLC 输出触点的使用寿命。

（5）利用传统的继电器电路 PLC 梯形图的改造方法。

根据编程经验，利用传统的继电器电路 PLC 梯形图的改造方法一般有四种：①对于结构清晰、电路简单、没有交叉回路的继电器电路，可以直接按照继电器电路编程；②对于同一个输出有多重控制、功能容易混乱的电路，需采用添加辅助继电器的方法进行编程；③对于存在许多回路交织在一起的电路，要把交织在一起的回路进行拆分处理，处理后再进行编程；④对于有些特别的继电器电路，其电路结构复杂，即使进行拆分也难以理顺各回路。此时，可以充分发挥 PLC 的优势，不管原有的电路，按同样的功能重新进行编程。

工作任务 4　三相异步电动机正反转的 PLC 控制

能力目标

能够正确地进行 PLC 的 I/O 分配；能够正确地将外部输入（包括 2 端和 3 端传感器）连接到 PLC；能够正确连接 PLC 的外部输出；能够根据控制要求正确地编制出 PLC 程序；能够用万用表检测 PLC 控制电路的硬件互锁。

知识目标

理解并熟悉各基本指令的应用；学会 GX 编程软件及仿真功能的基本操作；能正确地应用定时器和计数器。

相关知识

一、三菱 PLC 基本指令（LDP、ANDP、ORP、ORB、ANB、MPS、MRD、MPP、SET、RST、ZRST）

1. 边沿检测脉冲指令（LDP、ANDP、ORP）

（1）指令作用。

LDP（取脉冲上升沿）是上升沿检测运算开始指令，LDF（取脉冲下降沿）是下降沿脉冲运算开始指令，ANDP（与脉冲上升沿）是上升沿检测串联连接指令，ANDF（与脉冲下降沿）是下降沿检测串联连接指令，ORP（或脉冲上升沿）是上升沿检测并联连接指令，ORF（或脉冲下降沿）是下降沿检测并联连接指令。

LDP、ANDP、ORP 等指令用于检测触头状态变化的上升沿，当上升沿到来时，使其操作对象接通一个扫描周期，又称为上升沿微分指令。LDF、ANDF、ORF 等指令用于检测触头状态变化的下降沿，当下降沿到来时，使其操作对象接通一个扫描周期，又称为下降沿微分指令。这些指令的操作对象有 X、Y、M、S、T、C 等。

（2）指令应用举例。

图 1-98 是由 LDP、ORF、ANDP 指令组成的梯形图。在 X2 的上升沿或 X3 的下降沿时线圈 Y0 接通。对于线圈 M0，需在常开触头 M3 接通且 T5 上升沿时才接通。

梯形图对应的语句指令程序为：

LDP	X2	//取脉冲上升沿
ORF	X3	//或脉冲下降沿
OUT	Y0	
LD	M3	
ANDP	T5	//与脉冲上升沿
OUT	M0	

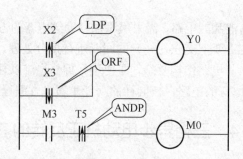

图 1-98   LDP、ORF、ANDP 指令组成的梯形图

2. 块或块与指令（ORB、ANB）

（1）指令作用。

两个或两个以上的触头串联连接的电路称为串联电路块，块或 ORB 指令的作用是将串联电路块并联连接，连接时，分支开始用 LD、LDI 指令，分支结束则用 ORB 指令。

两个或两个以上的触头并联连接的电路称为并联电路块，块与 ANB 指令的作用是将并联电路块串联连接，连接时，分支开始用 LD、LDI 指令，分支结束则用 ANB 指令。

块或（ORB）和块与（ANB）指令均无操作元件，同时 ORB、ANB 指令均可连续使用，但均将 LD、LDI 指令的使用次数限制在 8 次以下。

（2）指令应用举例。

图 1-99 是由 ORB、ANB 指令组成的梯形图。该梯形图先由 X0、X3 指令组成并联电路块 A，然后将 X1、X2 组成串联电路块 B，X4、X5 组成串联电路块 C，再将两个串联电路块通过 ORB 指令进行块或操作形成并联电路块 1，之后再进行或操作后形成并联电路块 2，在此基础上通过 ANB 指令进行块与操作最终形成串联电路块 3。

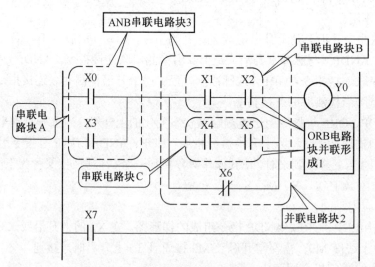

图 1-99   ORB、ANB 指令组成的梯形图

对应语句指令程序为：

LD	X0	
OR	X3	//组成并联电路块 A
LD	X1	//分支起点

```
AND       X2        //组成串联电路块 B
LDI       X4        //分支起点
AND       X5        //组成串联电路块 C
ORB                 //将两个串联块进行行或操作，形成 1
ORI       X6        //形成并联电路块 2
ANB                 //块与操作，形成 3
OR        X7
OUT       Y0
```

3. 多重输出指令（MPS、MRD、MPP）

（1）指令作用。

MPS、MRD、MPP 这组指令是将连接点结果存入堆栈存储器，以方便连接点后面电路的编程。FX$_{2N}$ 系列 PLC 中有 11 个存储运算中间结果的堆栈。

堆栈采用先进后出的数据存储方式，见图 1-100。

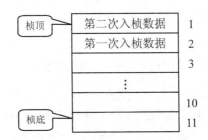

图 1-100　堆栈存储器数据存储方式

多重输出指令又被称为堆栈指令，MPS、MRD、MPP 为一组指令，主要用在当多重输出且逻辑条件不同的情况下，将连接点的结果存储起来，以便连接点后面的电路编程。

MRD：读出堆栈，读出由 MPS 指令最新存储的运算结果（栈存储器第一单元数据），栈内数据不发生变化。

MPP：弹出堆栈，读出并清除栈存储器第一单元数据，同时以下各存储单元数据向卜单元推移。

MPS：存储该指令处的运算结果（压入堆栈），使用一次 MPS 指令，该时刻的运算结果就推入栈的第一单元。在没有使用 MPP 指令之前，若再次使用 MPS 指令，当时的逻辑运算结果推入栈的第一单元，先推入的数据依次向栈的下一单元推移。

图 1-101 给出了栈操作指令的应用情况。从图 1-101 中不难看出，MRD 指令在只有两层输出时不用。注意：图 1-101 中第一个支路与第四个支路的逻辑关系完全相同，但所使用的指令却不一样，这是由于 FX$_{2N}$ 系列 PLC 指令规则规定，在线圈下并联的线圈或触点与线圈组合不作为梯形图分支对待，不需要使用栈指令。

多重输出指令的入栈出栈工作方式是：后进先出、先进后出。MPS、MPP 两指令必须成对出现。

（2）指令应用举例。

4. 置位指令 SET 与复位指令 RST

（1）指令作用。

SET 为置位指令，使动作保持；RST 为复位指令，使操作复位。当 SET 与 RST 同时出现时，RST 优先。

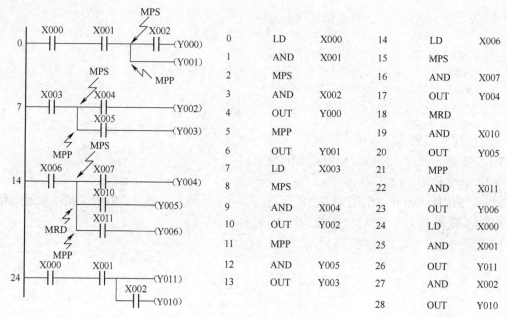

图 1-101　栈操作指令的应用

（2）指令应用举例。

图 1-102 所示为 SET、RST 指令的应用实例。由图 1-102 时序可见，当 X0 接通，即使再变成断开，Y0 也保持接通；X1 接通后，即使再断开，Y0 也保持断开。SET 指令的操作目标为 Y、M、S。而 RST 指令的操作元件是 Y、M、S、D、V、Z、T、C。

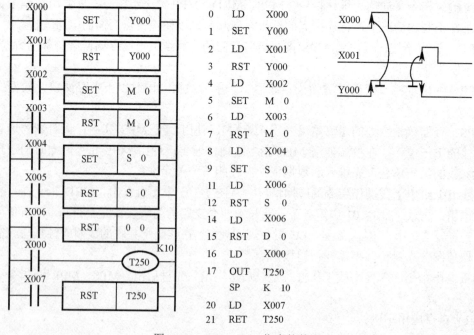

图 1-102　SET、RST 指令的使用

5. 区间复位指令（ZRST）

区间复位指令用于数据区的初始化。其格式如图 1-103 所示，适用软元件如图 1-104 所示。

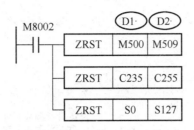

图 1-103   指令使用格式

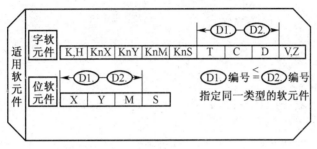

图 1-104   适用软元件

二、三菱 PLC 编程器件（定时器和计数器）

1. 定时器（T）

PLC 中的定时器（T）相当于继电器控制系统中的通电型时间继电器。它可以提供无穷对常开常闭延时触点。定时器中有一个设定值寄存器（一个字长），一个当前值寄存器（一个字长）和一个用来存储其输出触点的映象寄存器（一个二进制位），这三个量使用同一地址编号。但使用场合不一样，意义也不同。

FX$_{2N}$ 系列中定时器时可分为通用定时器、积算定时器两种。它们是通过对一定周期的时钟脉冲的进行累计而实现定时的，时钟脉冲有周期为 1ms、10ms、100ms 三种，当所计数达到设定值时触点动作。设定值可用常数 K 或数据寄存器 D 的内容米设置。

（1）通用定时器。

通用定时器的特点是不具备断电的保持功能，即当输进电路断开或停电时定时器复位。通用定时器有 100ms 和 10ms 通用定时器两种。

1）100ms 通用定时器（T0～T199）共 200 点，其中 T192～T199 为子程序和中断服务程序专用定时器。这类定时器是对 100ms 时钟累积计数，设定值为 1～32767，所以其定时范围为 0.1～3276.7s。

2）10ms 通用定时器（T200～T245）共 46 点。这类定时器是对 10ms 时钟累积计数，设定值为 1～32767，所以其定时范围为 0.01～327.67s。

下面举例说明通用定时器的工作原理。如图 1-105 所示，当输进 X0 接通时，定时器 T200 从 0 开始对 10ms 时钟脉冲进行累积计数，当计数值与设定值 K123 相等时，定时器的常开接通 Y0，经过的时间为 123×0.01s=1.23s。当 X0 断开后定时器复位，计数值变为 0，其常开触点断开，Y0 也随之 OFF。若外部电源断电，定时器也将复位。

（2）积算定时器。

积算定时用具有计数累积的功能。在定时过程中假如断电或定时器线圈 OFF，积算定时器将保持当前的计数值（当前值），通电或定时器线圈 ON 后继续累积，即其当前值具有保持功能，只有将积算定时器复位，当前值才变为 0。

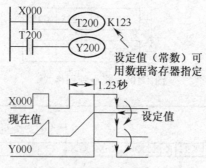

图 1-105　通用定时器工作原理

1）1ms 积算定时器（T246～T249）共 4 点，是对 1ms 时钟脉冲进行累积计数的，定时的时间范围为 0.001～32.767s。

2）100ms 积算定时器（T250～T255）共 6 点，是对 100ms 时钟脉冲进行累积计数的，定时的时间范围为 0.1～3276.7s。

以下举例说明积算定时器的工作原理。如图 1-106 所示，当 X1 接通时，T250 当前值计数数器开始累积 100ms 的时钟脉冲。如果该值达到设定值 K345 时，定时器的输出触点动作。在计算过程中，即使 X1 断开或停电再启动，依然继续计算，其累计动作时间为 34.5 秒。如果复位输入 X2 为 ON 时，定时器复位，输出触点也复位。

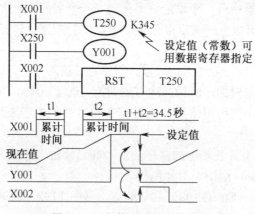

图 1-106　积算定时器工作原理

2. 计数器（C）

FX$_{2N}$ 系列计数器分为内部计数器和高速计数器两类。

（1）内部计数器。

内部计数器是在执行扫描操作时对内部信号（如 X、Y、M、S、T 等）进行计数。内部输进信号的接通和断开时间应比 PLC 的扫描周期稍长。

1）16 位增计数器（C0～C199）共 200 点，其中 C0～C99 为通用型，C100～C199 共 100 点为断电保持型（断电保持型即断电后能保持当前值，待通电后继续计数）。这类计数器为递加计数，应用前先对其设置一设定值，当输进信号（上升沿）个数累加到设定值时，计数器动作，其常开触点闭合、常闭触点断开。计数器的设定值为 1～32767（16 位二进制），设定值除了用常数 K 设定外，还可间接通过指定数据寄存器设定。

下面举例说明通用型 16 位增计数器的工作原理。如图 1-107 所示，X10 为复位信号，当 X10 为 ON 时 C0 复位。X11 是计数输进，每当 X11 接通一次计数器当前值增加 1（X10 断开，计数器不会复位）。当计数器计数当前值为设定值 10 时，计数器 C0 的输出触点动作，Y0 被接通。此后即使输进 X11 再接通，计数器当前值也保持不变。当复位输进 X10 接通时，执行 RST 复位指令，计数器复位，输出触点也复位，Y0 被断开。

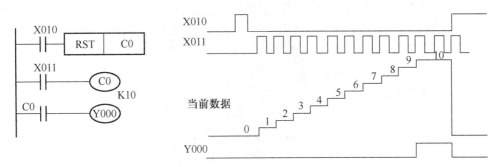

图 1-107 通用型 16 位增计数器

2）32 位增/减计数器（C200～C234）共有 35 点 32 位加/减计数器，其中 C200～C219（共 20 点）为通用型，C220～C234（共 15 点）为断电保持型。这类计数器与 16 位增计数器除位数不同外，还在于它能通过控制实现加/减双向计数。设定值范围均为 -214783648～+214783647（32 位）。

C200～C234 是增计数还是减计数，分别由特殊辅助继电器 M8200～M8234 设定。对应的特殊辅助继电器被置为 ON 时为减计数，置为 OFF 时为增计数。

计数器的设定值与 16 位计数器一样，可直接用常数 K 或间接用数据寄存器 D 的内容作为设定值。在间接设定时，要用编号紧连在一起的两个数据计数器，如图 1-108 所示。

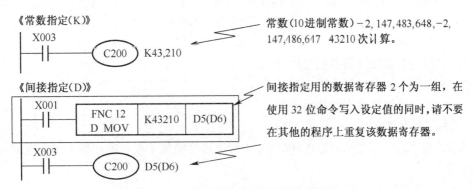

图 1-108 32 位增/减计数器的赋值方式

32 位增/减计数器的工作过程如图 1-109 所示，X12 用来控制 M8200，X12 闭合时为减计数方式。X14 为计数脉冲输入端，C200 的设定值为 -5（可正、可负）。设 C200 置为增计数方式（M8200 为 OFF），当 X14 计数输入累加由 -6 向 -5 增加时，计数器的输出触点动作。当前值大于 -5 时计数器仍为 ON 状态。当计数器的当前值由 -4 向 -5 减少时，若输出已经接通，则其输出触点复位（断开）。若在由 -4 向 -5 减少时，输出 Y1 本来是未接通的，则不存在断开。复位输入 X13 接通时，计数器确当前值为 0，输出触点也随之复位。

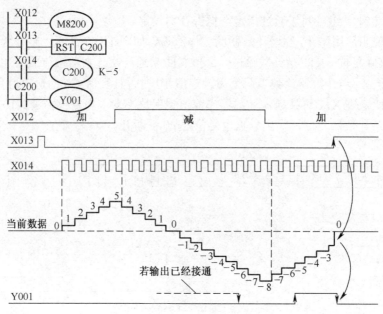

图 1-109　位增/减计数器工作过程

任务实施——三相异步电动机正反转的 PLC 控制

1. 任务实施的内容

三相异步电动机正反转的 PLC 控制。

（1）按下正转启动按钮 SB1，电机正转，按下停止按钮 SB3，电机停止；按下反转按钮 SB2，电机反转，按下停止按钮 SB3，电机停止，电动机有过载保护。

（2）电机正反转延时自动切换控制。按下正（反）转启动按钮 SB1，电机正（反）转，正（反）转 3 秒，停止 3 秒，反（正）转 3 秒，停止 3 秒，再正（反）转……如此循环，循环 4 次结束。电动机无过载保护，任何时候按下停止按钮电机均应停止。

2. 任务实施要求

（1）掌握定时器和计数器的使用方法；

（2）掌握置位、复位指令的应用；

（3）掌握边沿检测指令的使用方法。

3. 设备、器材及仪表

个人 PC 机 1 台、三菱 FX$_{2N}$-48MR PLC 1 台、连接电缆 1 根、操作板 1 块、电动机 1 台、万用表 1 个。

4. 确定 I/O 分配表，如表 1-8 所示。

表 1-8　电机正反转电路的 I/O 分配表

输入设备	输入点编号	输出设备	输出点编号
正转按钮 SB1	X1	KM1 正转	Y1
反转按钮 SB2	X2	KM2 反转	Y2
停止按钮 SB3	X3		
热继电器 FR	X0		

5. 任务实施的线路图

线路图如图 1-110 所示。

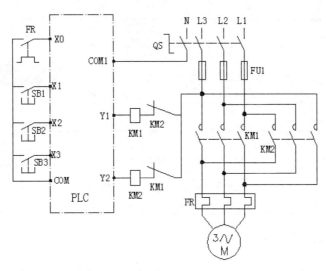

图 1-110　机正反转 PLC 硬件连接图

6. 任务实施步骤

（1）任务一。

1）绘制 PLC 的 I/O 口硬件连接图，如图 1-110 所示。

2）PLC 编程。根据经验编程法，由按钮互锁的电机继电器控制图，编出参考程序如图 1-111 所示。

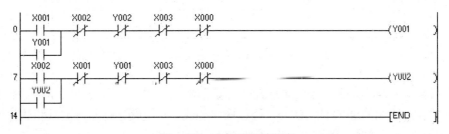

图 1-111　电机正反转程序

3）根据实验内容，在 GX Developer 编程环境下输入梯形图程序，转换后，下载到 PLC 中。

4）按图 1-110 接好线，让 PLC 处于 RUN 状态，按下启动按钮 SB1，观察 PLC 的输出点 Y1 指示灯是否亮（不亮请检查电路），在亮的情况下用万用表电阻档测量 N 与 U 两点之间的电阻值（不能合上 QS），若为线圈电阻值（不是的话请检查电路），保持万用表不动，按下交流接触器测试按钮，此时，万用表指示应为 ∞，说明实现了硬件互锁。按下停止按钮 SB3，万用表电阻档的数值也显示 ∞，说明程序实现了停止功能；用同样的方法测试启动按钮 SB2 的启动功能和互锁功能；同样的道理，用热继电器的测试按钮，也可以测试热继电器的过载保护功能。按下停止按钮 SB3，这时程序无输出，合上闸刀 QS，按下相应的按钮，运行电路，观察电路是否达到控制要求。

（2）任务二。

1）根据控制要求，参考图 1-110 绘制 PLC 的 I/O 口硬件连接图。

2）PLC 编程。此控制要求 PLC 的同一个输出端口有两种不同的工作状态，根据经验编程法，就在程序中引用内部继电器，参考程序如图 1-112 所示。

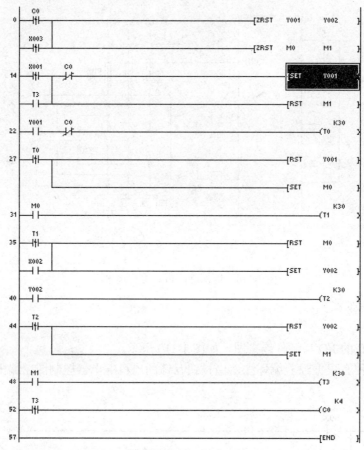

图 1-112　电机正反转延时自动切换程序

3）根据实验内容，在 GX Developer 编程环境下输入梯形图程序，转换后，下载到 PLC 中。

4）根据自己绘制的 PLC 的 I/O 硬件连接图接好线，对电路进行硬件测试和软件调试，如没有达到控制要求，请修改程序，直到达到控制要求为止。

5）关电、拆线、收拾工具并整理桌面。

7. 考核标准

本项任务的评分标准如表 1-9 所示。

表 1-9　电动机正反转的 PLC 控制的考核标准

序号	考核内容	考核要求	评价标准	配分	扣分	得分
1	方案设计	根据控制要求，画出 I/O 分配表，设计梯形图程序画出 PLC 的外部接线图	I/O 地址分配错误或遗漏，每处扣 1 分 梯形图表达不规范，每处扣 2 分 接线图表达不正确或画法不规范，每处扣 2 分 指令有错误，每处扣 2 分	30		

序号	考核内容	考核要求	评价标准	配分	扣分	得分
2	安装与接线	按PLC的外部接线在操作板上正确接线，要求接线正确、紧固、美观	接线不紧固每根扣2分 不按图接线每处扣2分	30		
3	程序输入与调试	学会编程软件的基本操作，正确在电脑上进行开、停PLC的控制，能正确将程序下载到PLC并按动作要求进行模拟调试，达到控制要求	电脑操作不熟练，扣2分 不会仿真软件的强制功能和批量监控各扣2分 不会用删除、插入、修改等指令，每项扣2分 不会用万用表按控制要求检测电路的，每处扣5分 第一次试车不成功扣5分，第二次试车不成功扣10分，第三次试车不成功扣20分	30		
4	安全与文明生产	遵守国家相关专业安全文明生产规程，遵守学校纪律、学习态度端正	不遵守教学场所规章制度，扣2分 出现重大事故或人为损坏设备，扣10分	10		
5	备注	电气元件均采用国家统一规定的图形符号和文字符号	由教师或指定学生代表负责依据评分标准评定	合　计 100分		
小组成员签名						
教师签名						

知识拓展　三菱PLC高速计数器简介

FX_{2N}系列PLC高速计数器（C235～C255）。

高速计数器是32位的寄存器，其计数的高频信号来自机外，计数频率可高达10kHz，采用中断的工作方式，计数频率不受PLC扫描周期的影响。高速计数器与内部计数器相比，除输入频率高之外，应用也更为灵活，高速计数器均有断电保持功能，通过参数设定也可变成非断电保持。FX_{2N}有C235～C255共21点高速计数器。用来作为高速计数器的PLC输入端口有X0～X7。X0～X7不能重复使用，即某一个输入端已被某个高速计数器占用，它就不能再用于其他高速计数器，也不能用作它用。各高速计数器对应的输入端如表1-10所示。

表1-10　FX_{2N}系列PLC高速计数器一览表

	1相1计数输入											1相2计数输入					2相2计数输入				
	C235	C236	C237	C238	C239	C240	C241	C242	C243	C244	C245	C246	C247	C248	C249	C250	C251	C252	C253	C254	C236
X000	U/D						U/D			U/D		U	U		U		A	A		A	
X001		U/D			R			R		R		D	D		D		B	B		B	
X002			U/D				U/D			U/D			R		R		R		R		
X003				U/D				R	U/D		R			U		U			A		A
X004					U/D				R					D		D			B		B
X005						U/D								R		R			R		R
X006										S					S				S		
X007											S					S					S

注：U表示增计数输入，D表示减计数输入，A表示A相输入，B表示B相输入，R表示复位输入，S表示启动输入。

高速计数器可分为如下三类：

（1）单相单计数输入高速计数器（C235～C245）其触点动作与 32 位增/减计数器相同，可进行增或减计数。作增计数时，计数值达到设定值则触点动作并保持；作减计数时，达到计数值则复位。其计数方向取决于 M8235～M8245 的状态。其中 M8△△△的后三位为对应的计数器号。

如图 1-113 所示为无启动/复位端单相单计数输入高速计数器的应用。当 X10 断开，M8235 为 OFF，此时 C235 为增计数方式（反之为减计数）。由 X12 选中 C235，从表 1-9 中可知其输进信号来自于 X0，C235 对 X0 信号增计数，当前值达到 123 时，C235 常开接通，Y0 得电。X11 为复位信号，当 X11 接通时，C235 复位。

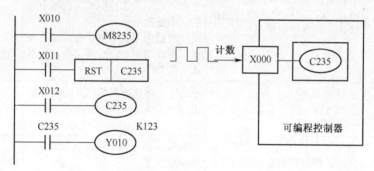

图 1-113　无启动/复位端单相单计数输入计数器

如图 1-114 所示为带启动/复位端单相单计数输进高速计数器的应用。从图 1-114 可以看出，这些计数器较单相无启动/复位型的高速计数器增加了外部启动和外部复位控制端子。由表 1-9 可知，X3 和 X7 分别为外复位信号输入端和外启动信号输入端。利用 X10 通过 M8245 可设定其增/减计数方式。当 X2 为接通，且 X7 也接通时，则开始计数，计数的输进信号来自于 X0，C245 的设定值由 D0 和 D1 指定。除了可用 X1 立即复位外，也可用梯形图中的 X14 复位。

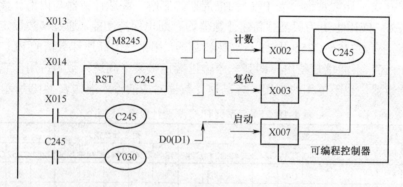

图 1-114　带启动/复位端单相单计数输入高速计数器

（2）单相双计数输入高速计数器（C246～C250），这类高速计数用具有两个外部计数输入端子，一个为增计数输入端，另一个为减计数输入端。利用 M8246～M8250 的 ON/OFF 动作可监控 C246～C250 的增记数/减计数动作。

如图 1-115（a）所示，图中 X0 及 X1 分别为 C246 增计数器输入端及减计数器输入端。C246 是通过程序安排启动及复位条件的，如图中的 X11 及 X10。也有的单相双计数输入型高速计数器还带有外复位及外启动端。如图 1-115（b）中所示的高速计数器 C250 的端子情况。

图中 X5 及 X7 分别为外复位及外启动端。它们的工作情况和单相带启动/复位计数器相应端子的使用相同。

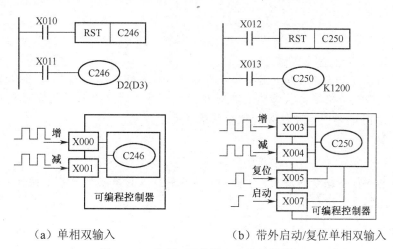

（a）单相双输入　　　　　　　　（b）带外启动/复位单相双输入

图 1-115　单相双计数输入高速计数器

（3）双相双输入高速计数器（C251～C255）A 相和 B 相信号决定计数器是增计数还是减计数。双相双计数输入型高速计数器的两个脉冲输入端子是同时工作的，外计数方向控制方式由 2 相脉冲间的相位决定。如图 1-116 所示。当 A 相为 ON 时，B 相由 OFF 到 ON，则为增计数；当 A 相为 ON 时，若 B 相由 ON 到 OFF，则为减计数，其余功能与单相双计数输入型相同。需要说明的是，带有外计数方向控制端的高速计数器也配有编号相应的特殊辅助继电器，只是它们没有控制功能只有批示功能。当采取外部计数方向控制方式工作时，相应的特殊辅助继电器的状态会随着计数方向的变化而变化。

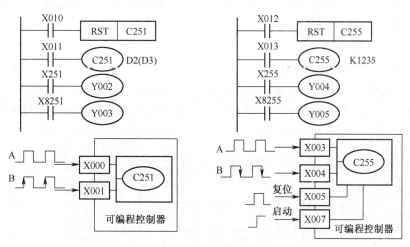

（a）双相双输入增计数　　　　　　（b）带外启动/复位双相双输入减计数

图 1-116　双相双计数输入高速计数器

注意：高速计数器的计数频率较高，它们的输入信号的频率受两方面的限制。一是全部高速计数器的处理时间。因它们采用中断方式，所以计数器用的越少，则可计数频率就越高；二是输入响应速度，其中 X0、X2、X3 最高频率为 10kHz，X1、X4、X5 最高频率为 7kHz。

工作任务5　运料小车的往返运行控制

能力目标

能够正确地进行 PLC 的 I/O 分配；能够正确地将外部输入连接到 PLC；能够正确连接 PLC 的外部输出；能够根据控制要求正确地编制出 PLC 程序；能够用万用表检测 PLC 控制电路的硬件互锁。掌握 PLC 对同一硬件多种执行结果的处理方法。

知识目标

理解并熟悉各基本指令的应用；学会 GX 编程软件及仿真功能的基本操作；能够利用经验编程法对复杂控制要求进行编程。

相关知识

三菱 PLC 基本指令（MC、MCR、INV、PLS、PLF、NOP、END）

1. 主控指令及主控复位指令（MC、MCR）

（1）指令作用。

MC 指令称为主控指令，又名公共串联触点的连接指令，用于表示主控区的开始，该指令的操作元件为 Y、M（不包括特殊辅助继电器）。

MCR 指令称为主控复位指令，又名公共串联触点的清除指令，用于表示主控区的结束，该指令的操作元件为主控指令的使用次数 N（N0～N7）。在 MC 指令内使用 MC 指令称为嵌套，在有嵌套结构时，嵌套层数 N 的编号从 N0～N7 依次增大。在没有嵌套结构时，可再次使用 N0 编制程序，N0 的使用次数无限。

（2）指令应用举例。

如图 1-117 是无嵌套 MC、MCR 指令的应用。当 X0 接通时，执行 MC 到 MCR 的指令，当 X0 断开时，累积定时器、计数器、用置位/复位指令驱动的软元件保持当时的状态，非累积定时器、计数器、用 OUT 指令驱动的软元件变为断开状态。图 1-117 中左母线上的常开触点只要把程序输入进去，点击"读出模式"按钮就会出现了。

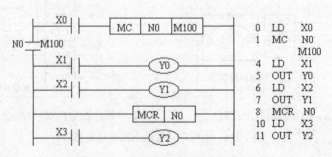

图 1-117　MC、MCR 指令的应用

在 MC 指令内采用 MC 指令时，嵌套级 N 的编号按顺序增大。在将该指令返回时，采用 MCR 指令，从套级最大的开始消除。嵌套级最多可编写 8 级（N7）。

2. 取反指令（INV）

（1）指令作用。

取反指令用于将指令前的运算结果取反。

（2）指令应用举例。

图1-118为INV指令的应用实例。该指令可以在AND或ANI，ANDP或ANDF指令的位置后编程，也可以在ORB、ANB指令回路中编程，但不能像OR、ORI、ORP、ORF指令那样单独使用，也不能像LD、LDI、LDP、LDF那样单独与母线连接。

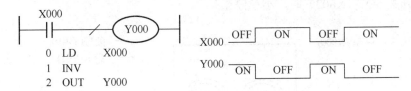

0　LD　　X000
1　INV
2　OUT　Y000

图1-118　INV指令的应用

3. 微分输出指令（PLS、PLF）

（1）指令作用。

PLS为上升沿微分输出指令。当输入条件为ON时（上升沿），相应的输出位器件Y或M接通一个扫描周期。

PLF为下降沿微分输出指令。当输入条件为OFF时（下降沿），相应的输出位器件Y或M接通一个扫描周期。

（2）指令应用举例。

图1-119为PLS、PLF指令的应用实例。该指令的目标元件是Y和M，但特殊辅助继电器不能作为目标元件。

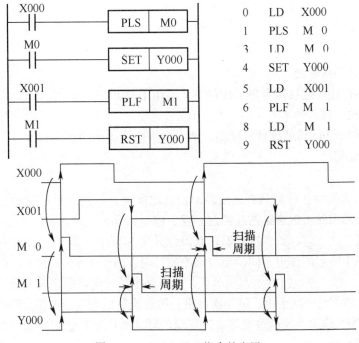

图1-119　PLS、PLF指令的应用

任务实施——运料小车的往返运行控制

1. 任务实施的内容

如图 1-120 所示，小车一个工作周期的动作要求如下。

按下启动按钮 SB（X000），小车电机 M 正转（Y010），小车第一次前进，碰到限位开关 SQ1（X001）后小车电机 M 反（Y011），小车后退；小车后退碰到限位开关 SQ2（X002）后，小车电机 M 停转，停 5s 后，第二次前进，碰到限位开关 SQ3（X003），再次后退；第二次后退碰到限位开关 SQ2（X002）时，小车停止。

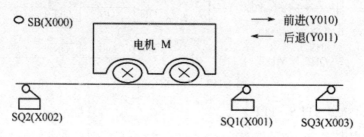

图 1-120　运料小车往返运行示意图

2. 任务实施要求

（1）学会用启保控制电路的编程思想对电路进行 PLC 程序的改造；

（2）掌握 PLC 对同一硬件多种执行结果的处理方法。

（3）学会用硬件调试程序的方法。

3. 设备、器材及仪表

个人 PC 机 1 台、三菱 FX$_{2N}$-48MR PLC 1 台、连接电缆 1 根、操作板 1 块、电动机 1 台、万用表 1 个。

4. 确定 I/O 分配表

如图 1-120 所示。

5. 任务实施的线路图

PLC 的 I/O 口硬件连接图参考工作任务 4 的图 1-110。

6. 任务实施步骤

（1）自行绘制 I/O 口的硬件连接图，请参考工作任务 4 的图 1-110。

（2）PLC 编程。

1）分析。

本任务的电机的动作过程只有正反转，但与比前面介绍的双重连锁的正反转电路的工况复杂，在设计梯形图时可以借鉴前面的启、保、停电路和正反转电路。由于分为第一次前进、第一次后退、第二次前进、第二次后退，且限位开关 SQ1 在二次前进过程中，限位开关 SQ2 在二次后退过程中所起的作用不同，要直接绘制针对 Y010 及 Y011 的启、保、停电路梯形图不太容易。将启、保、停电路的内容简单化，可不直接针对电机的正转及反转列写梯形图，而是针对第一次前进、第一次后退、第二次前进、第二次后退列写启、保、停电路梯形图。为此选 M0、M1 及 M2 作为两次前进及第二次后退的辅助继电器，选定时器 T0 控制小车第一次后退在 SQ2 处停止的时间。

2）绘制梯形图草图。

针对二次前进及二次后退绘出的梯形图草图如图 1-121 所示。图中有第一次前进、第一次后退、计时、第二次前进、第二次后退 5 个支路，每个支路的启动与停止条件都是清楚的。但是程序的功能却不能符合要求，因为细分支路后小车的各个工况间的牵涉虽然少了，但并没有将两次前进两次后退的不同区分开，第二次前进碰到 SQ1 时即会转入第一次后退的过程，且第二次后退碰到 SQ2 时还将启动定时器，不能实现停车。

图 1-121 小车往返控制梯形图草图

3）修改梯形图。

既然以上提及的不符合控制要求的两种情况都发生在第二次前进之后，那么就可以设法让 PLC "记住" 第二次前进的 "发生"，从而对计时及后退加以限制，如图 1-122 所示。图中将两次后退综合到一起，还增加了前进与后退的继电器的互锁。

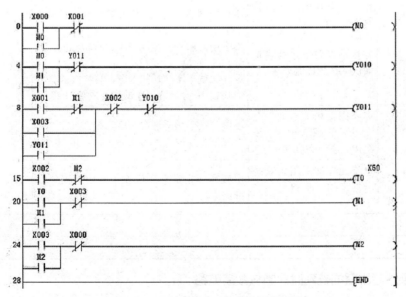

图 1-122 改进后的小车往返控制梯形图

在图 1-122 中，第 8 步程序 中的 M1 的动断触点的作用是第二次前进时撞上行程开关 SQ1 无效；第 15 步程序 $_{15}$ ├┤ X002 ─ M2 ┤├─ 中的 M2 的动断触点的作用是第二次后退时撞上行程开关 SQ2 不启动定时器；第 24 步程序 $_{24}$ ├┤ X003 ─ X000 ┤├─ 中的 X0 的动断触点的作用是再次启动系统时清除记忆。

以上是引用内部辅助继电器来实现控制的，本例也可用 SET 和 RST 指令实现控制，还可以用借用计数器来实现，鉴于篇幅有限，此方法留给读者自己去思考。

（3）根据实验内容，在 GX Developer 编程环境下输入梯形图程序，转换后，下载到 PLC 中。

（4）按自己自行绘制的图接好线，让 PLC 处于 RUN 状态，对电路进行硬件测试和软件调试，如没有达到控制要求，请修改程序，直到达到控制要求为止。

（5）关电，拆线、收拾工具并整理桌面。

7. 考核标准

本项任务的评分标准如表 1-11 所示。

表 1-11　小车往返控制的考核标准

序号	考核内容	考核要求	评价标准	配分	扣分	得分
1	方案设计	根据控制要求，画出 I/O 分配表，设计梯形图程序画出 PLC 的外部接线图	I/O 地址分配错误或遗漏，每处扣 1 分 梯形图表达不规范，每处扣 2 分 接线图表达不正确或画法不规范，每处扣 2 分 指令有错误，每处扣 2 分	30		
2	安装与接线	按 PLC 的外部接线在操作板上正确接线，要求接线正确、紧固、美观	接线不紧固每根扣 2 分 不按图接线每处扣 2 分	30		
3	程序输入与调试	学会编程软件的基本操作，正确在电脑上进行开、停 PLC 的控制，能正确将程序下载到 PLC 并按动作要求进行模拟调试，达到控制要求	电脑操作不熟练，扣 2 分 没有达到控制要求的，每少一个功能各扣 3 分 不会用删除、插入、修改等指令，每项扣 2 分 不会用万用表按控制要求进行检测的，每处扣 5 分 第一次试车不成功扣 5 分，第二次试车不成功扣 10 分，第三次试车不成功扣 20 分	30		
4	安全与文明生产	遵守国家相关专业安全文明生产规程，遵守学校纪律、学习态度端正	不遵守教学场所规章制度，扣 2 分 出现重大事故或人为损坏设备，扣 10 分	10		
5	备注	电气元件均采用国家统一规定的图形符号和文字符号	由教师或指定学生代表负责依据评分标准评定	合计 100 分		
小组成员签名						
教师签名						

知识拓展　定时器的长延时控制与振荡电路

1. 定时器的长延时控制

每一个定时器的计时时间都有一个最大值，若工程中所需的延时时间大于选定的定时器最大数值时，可以通过设计延时扩展电路的方法来满足要求。延时扩展的方法有如下两种。

（1）用两个定时器实现长延时，如图1-123所示。

图1-123　用两个定时器实现长延时

该电路的延时时间为两个定时器所延长的时间相加。

（2）定时器与计数器配合实现长延时，如图1-124所示。

图1-124　定时器与计数器配合实现长延时

在图1-124中，接通X1后，T1开始计时，计时满60s后，其常开触点接通，常闭触点断开。T1的常开触点每接通一次，C1就计数一次，其常闭触点断开一次，T1就复位一次，并重新开始计时，如此周而复始，当C1计数满60次后，其常开触点接通，在T1常开触点的作用下，C2开始计数，并且每60s计数一次，计满61次后，其常开触点接通，Y1通电。因此，X1接通后，延时两个小时后Y1接通。

2. 振荡电路

振荡电路是实际应用中用得最广泛的电路。如图1-125所示是一个2s闪烁的电路。

图1-125　2秒闪烁电路

接通X1，T0开始计时，Y0无输出，计时到2秒后，其常开触点接通，常闭触点断开。Y0开始有输出，T0常开触点接通T1开始计时，计时到1秒时，常闭触点断开。T1的常闭触点断开造成 Y0 失电，T1 常闭触点断开造成 T1 复位，重新开始计时，当 T0 重新计时到 1 秒时，T1 也计时到 1 秒，1 秒后，T1 的常闭触点断开，Y0 重新开始得电，如此循环往复，形成了 Y0 得电 1 秒断开 1 秒的振荡电路。

工作任务6　三相异步电动机自动控制 Y-Δ降压启动电路

能力目标

能够正确地进行 PLC 的 I/O 分配；能够正确地将外部输入连接到 PLC；能够正确连接 PLC 的外部输出；能够对复杂的继电—接触控制电路进行 PLC 改造；能够对桥式梯形图进行正确的处理；能够根据控制要求正确地编制出 PLC 程序；能够用万用表检测 PLC 控制电路的硬件互锁。

知识目标

理解并熟悉各基本指令的应用；学会 GX 编程软件及仿真功能的基本操作；能够利用经验编程法对复杂控制要求进行编程。

任务实施——自动控制 Y-Δ降压启动电路的 PLC 改造

1. 任务实施的内容

自动控制 Y-Δ降压启动电路的 PLC 改造。

如图 1-126 是继电—接触控制系统的自动控制 Y-Δ降压启动电路。

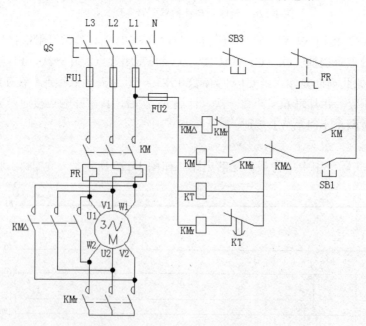

图 1-126　自动控制 Y-Δ降压启动电路

2. 任务实施要求

（1）掌握用经验编程法对较复杂电路进行 PLC 改造的方法；

（2）掌握对 PLC 不能处理的程序的处理方法；

（3）掌握桥式电路的 PLC 程序处理方法；

（4）学会用硬件调试程序的方法。

3. 设备、器材及仪表

个人 PC 机 1 台、三菱 FX$_{2N}$-48MR PLC 1 台、连接电缆 1 根、操作板 1 块、电动机 1 台、万用表 1 个。

4. 确定 I/O 分配表

如表 1-12 所示。

表 1-12 Y-△降压启动 I/O 分配表

输入设备	输入点编号	输出设备	输出点编号
启动按钮 SB1	X1	接触器 KM	Y0
停止按钮 SB3	X3	接触器 KM$_Y$	Y1
热继电器动合触点 FR	X0	接触器 KM$_\triangle$	Y2

5. 任务实施的线路图

PLC 的硬件连接示意图如图 1-127 所示。

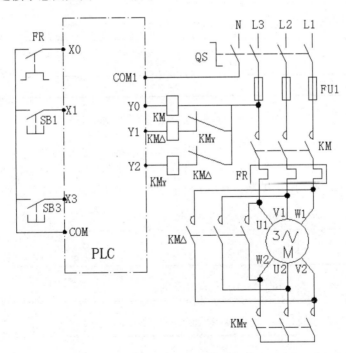

图 1-127 自动控制降压启动电路硬件连接图

6. 任务实施步骤

（1）自行绘制 I/O 口的硬件连接图，请参考图 1-127。

（2）PLC 编程。

1）如果直接按继电器电路设计梯形图，如图 1-128，会出现桥形电路，PLC 不能识别。必须对它进行改进。

改进的方法把原来的桥形电路等效变换成 PLC 能够接受的，符合 PLC 编程规则的电路，如图 1-129 所示。

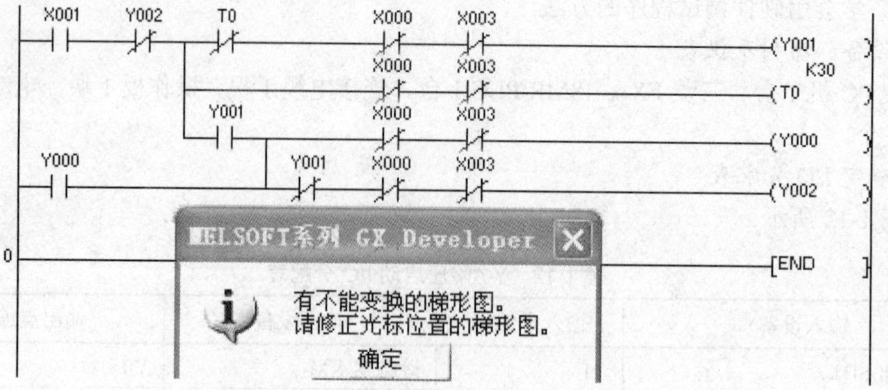

图 1-128　直接按继电器电路设计的梯形图

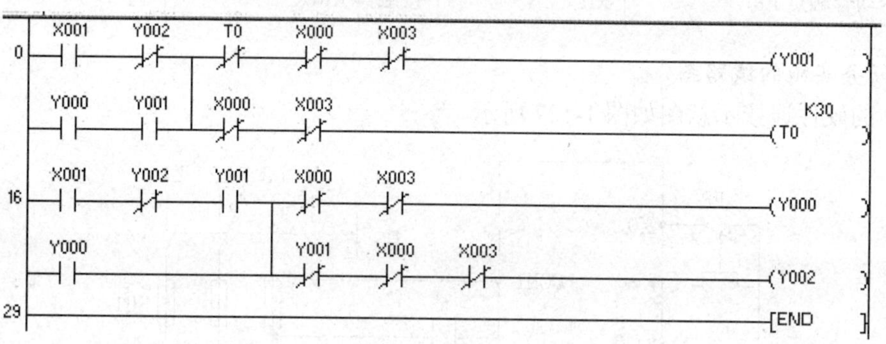

图 1-129　桥形电路等效变换后的梯形图

经上机调试可知，其功能与继电器控制电路完全一致。对继电器控制电路进行 PLC 编程，还有一种方法是不管原有的电路，按同样的功能重新进行编程，用这种方法编出的程序往往比从继电器电路翻版出来的更简单。图 1-130 所示即为按功能编出的程序。

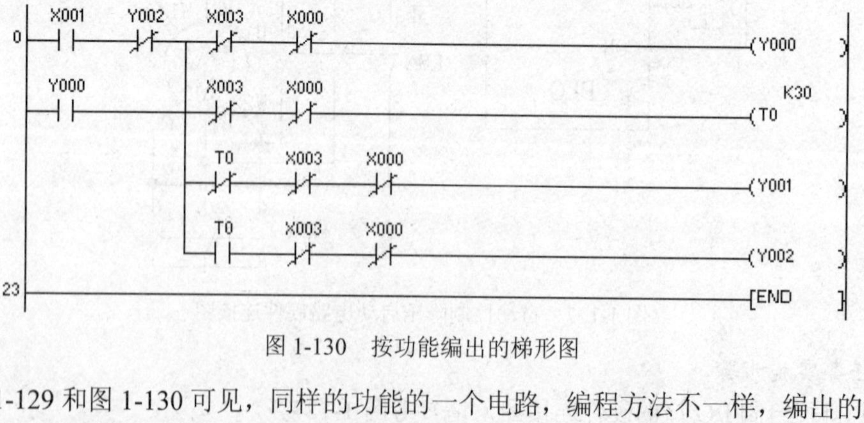

图 1-130　按功能编出的梯形图

由图 1-129 和图 1-130 可见，同样的功能的一个电路，编程方法不一样，编出的程序就很不一样，按功能编程的图 1-130 比按继电器控制电路翻版出来的程序简单、明了很多，故读者在进行继电器电路的 PLC 编程时，可以根据电路的功能灵活运用编程方法。

（3）根据实验内容，在 GX Developer 编程环境下输入梯形图程序，转换后，下载到 PLC 中。

（4）按自己自行绘制的图接好线，让 PLC 处于 RUN 状态，对电路进行硬件测试和软件调试，如没有达到控制要求，请修改程序，直到达到控制要求为止。

（5）关电，拆线、收拾工具并整理桌面。

7. 考核标准

本项任务的评分标准如表 1-13 所示。

表 1-13 Y-Δ降压启动电路的考核标准

序号	考核内容	考核要求	评价标准	配分	扣分	得分
1	方案设计	根据控制要求，画出 I/O 分配表，设计梯形图程序，画出 PLC 的外部接线图	I/O 地址分配错误或遗漏，每处扣 1 分 梯形图表达不规范，每处扣 2 分 接线图表达不正确或画法不规范，每处扣 2 分 指令有错误，每处扣 2 分	30		
2	安装与接线	按 PLC 的外部接线在操作板上正确接线，要求接线正确、紧固、美观	接线不紧固每根扣 2 分 不按图接线每处扣 2 分	30		
3	程序输入与调试	学会编程软件的基本操作，正确在电脑上进行开、停 PLC 的控制，能正确将程序下载到 PLC 并按动作要求进行模拟调试，达到控制要求	电脑操作不熟练，扣 2 分 不会用定时器的每处扣 2 分 不会用删除、插入、修改等指令，每项扣 2 分 不会用万用表按控制要求进行检测的，每一处扣 5 分 第一次试车不成功扣 5 分，第二次试车不成功扣 10 分，第三次试车不成功扣 20 分	30		
4	安全与文明生产	遵守国家相关专业安全文明生产规程，遵守学校纪律、学习态度端正	不遵守教学场所规章制度，扣 2 分出现重大事故或人为损坏设备，扣 10 分	10		
5	备注	电气元件均采用国家统一规定的图形符号和文字符号	由教师或指定学生代表负责依据评分标准评定	合计100 分		
小组成员签名						
教师签名						

知识拓展 接近开关与 PLC 接连相关知识

PLC 的外界输入器件可以是无源触点或是有源的传感器输入。这些外部器件都要通过 PLC 端子与 PLC 连接形成闭合有源回路，所以必须提供电源。

接近开关指本身需要电源驱动，输出有一定电压或电流的开关量传感器。开关量传感器根据其原理分有很多种，可用于不同场合的检测，但根据其信号线可以分成三大类：两线式、三线式、四线式。其中四线式有可能是同时提供一个动合触点和一个动断触点，实际中只用其中之一；或者是第四根线为传感器校验线，校验线不会与 PLC 输入端连接的。因此，无论哪种情况都可以参照三线式接线。图 1-131 所示为 PLC 与传感器连接的示意图。

两线式为一信号线与电源线。三线式分别为电源正、负极和信号线。不同作用的导线用不同颜色表示，这种颜色的定义有不同的定义方法，使用时参见相关说明书。图 1-131（b）

所示为一种常见的颜色定义。信号线为黑色时为动合式；动断式用白色导线。

图 1-131 所示传感器为 NPN 型，是常用的形式。对于 PNP 型传感器与 PLC 连接，不能照搬这种连接，要参考相应的资料。

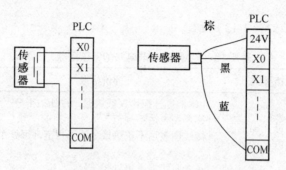

（a）与两线式传感器连接　　（b）与三线式传感器连接

图 1-131　PLC 与传感器连接示意图

习题一

1-1　可编程控制器的定义是什么？

1-2　PLC 今后发展的方向是什么？

1-3　简述 PLC 的主要功能。

1-4　要编程控制器的硬件由哪几部分组成，各有哪些用途？

1-5　PLC 的开关量有几种输入、输出形式。

1-6　通常可编程控制器有哪几种编程语言？各有什么特点？

1-7　通常 PLC 的工作过程可以分为哪几个阶段？每个阶段的功能是什么？

1-8　简述 FX_{2N} 系列的基本单元、扩展单元和扩展模块的用途？

1-9　简述输入继电器、输出继电器、定时器及计数器的用途？

1-10　定时器和计数器各有哪些使用要素？如果梯形图线圈前的触点是工作条件，那么定时器和计数器的工作条件有什么不同？

1-11　请画出输入端口按钮开关、两端传感器和三端传感器的接线图。

1-12　请画出输出端口交流继电器负载的接线图。

1-13　写出习题图 1-1 所示梯形图对应的指令表。

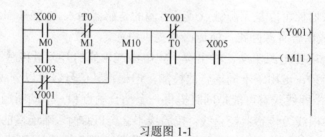

习题图 1-1

1-14　写出与下列语句表对应的梯形图。

0	LD	X000	6	AND	X005	12 AND M103
1	AND	X001	7	LD	X006	13 ORB
2	LD	X002	8	AND	X007	14 AND M102
3	ANI	X003	9	ORB		15 OUT Y034
4	ORB		10	ANB		16 END
5	LD	X004	11	LD	M101	

1-15　写出习题图 1-2 所示梯形图对应的指令表。

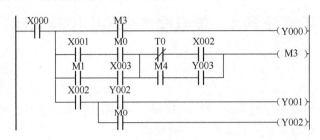

习题图 1-2

1-16　设计一个彩灯闪烁电路。要求：按下启动按钮，彩灯开始闪烁，每次闪烁时接通 0.5 秒，断开 0.5 秒，闪烁 100 次后，自行停止闪烁。

1-17　某通风机运转监视系统，如果三台通风机中有两台在工作，信号灯就持续发亮；如果只有一台风机工作，信号灯就以 0.5Hz 的频率闪烁；如果三台风机都不工作，信号灯就以 2Hz 频率闪烁；如果运转系统关断，信号灯停止运行。请设计相关电路。

1-18　有 A、B、C 三组喷头，要求启动后 A 先喷 5 秒，之后 B、C 同时喷，5 秒后 B 停止，再过 5 秒，C 停止，而 A、B 同时喷，再过 2 秒，C 也喷；A、B、C 同时喷 5 秒后全部停止，再过 3 秒重复前面的过程。当按下停止按钮后，马上停止。

1-19　编程实现通电及断电延时的定时器功能。若 X0 由断变通，Y0 延时 10 秒才有输出，若 X0 由通变断，Y0 延时 5 秒才无输出。

1-20　设计具有输入下降沿触发的单稳态电路的梯形图，其稳定时间为 2 秒。

1-21　一台电动机启动后正转 30 秒后停 10 秒，然后反转 30 秒再停 10 秒，重复上述过程 100 次，运行中若出现紧急情况，按动停止按钮，电动机停止运行，重新运行时应从零次运行记录开始。

1-22　设计一个可计数 100 万次的计数器。

1-23　用一只按钮控制两盏灯，第一次按下时第一盏灯亮，第二次按下时第一盏灯亮，同时第二盏灯亮，第三次按下时两盏灯同时亮，第四次按下时两盏灯同时灭……以此规律循环下去。

模块二　顺控指令与编程软件 GX 的 SFC 编程

工作任务 1　单流程步进顺序控制编程

能力目标

能够分析单流程的顺序控制系统；能够根据控制要求画出其功能图；能够熟悉的在 GX 编程软件中进行顺序功能图与步进梯形图之间的切换。

知识目标

掌握顺序控制的概念及功能图的概念、作用和画法；掌握 FX_{2N} 系列 PLC 在 GX 编程软件中单流程步进顺序控制的梯形图的输入方法；掌握常用顺序控制的类型及其应用。

相关知识

一、顺序功能图的编程思想及顺序转移图

在工业控制中，很多设备的动作都具有一定的顺序，如机械手的物件搬运、流水线的工件分检与包装、安装机械上的流程控制等，这些动作是一步接着一步进行的，如果我们对此类控制按基本指令梯形图的方式设计，不仅复杂困难，而且设计完成的程序无法使操作者理解。针对类似工序步进动作机械控制，PLC 软件中有专门的顺序功能图（Sequence Function Chart，简称 SFC）和步进指令。三菱 PLC 可以直接从顺序功能图（SFC）直接写出梯形图，应用十分方便。

1. 顺序功能图（SFC）的编程思想的引入

在介绍顺序功能图的编程之前，让我们先回顾一下模块一中工作任务 5 "运料小车的往返运行控制"的例子。从这个例子程序的设计中，我们发现了使用经验法及基本指令编制程序存在的一些问题。

①工艺动作表达繁琐。

②梯形图涉及的联锁关系较复杂，处理起来较麻烦。

③梯形图可读性差，如果没有注释，很难从梯形图看出具体控制工艺过程。

为此，人们一直在寻求一种易于构思，易于理解的图形程序设计工具。它应有流程图的直观，又有利于复杂控制逻辑关系的分解与综合。这种图就是状态转移图，也叫顺序功能图（SFC）。为了说明顺序功能图，现将运料小车的各个工作步骤用工序表示，并依照工作顺序将工序连接，如图 2-1 所示，这就是顺序功能图的雏形。

从图 2-1 可以看到，该图有以下几个特点：

①复杂的控制任务或工作过程分解成了若干个工序。

②各个工序的任务明确而具体。

③各个工序间的联系清楚，工序间的转换条件直观。

④此类图很容易理解，可读性很强，能清晰地反映整个控制过程，能带给编程人员清晰的编程思路。

如果将图 2-1 中的"工序"改为"状态"，就得到了运料小车往返控制的状态转移图（顺序功能图（SFC）），如图 2-2 所示。

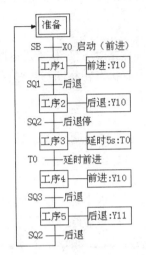

图 2-1　运料小车往返运行步序图

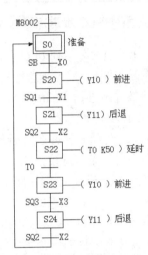

图 2-2　运料小车往返控制状态转移图

状态转移图（顺序功能图（SFC））是顺序（步进）编程的重要工具，图中以"S××"标志的方框表示"状态"，方框间的连线表示状态间的联系，方框间连线上的短横线表示状态转移的条件，方框上横向引出的类似于梯形图支路的符号组合表示该状态的任务。而"S××"是状态元件。

顺序（步进）编程的一般思想为：将一个复杂的控制过程分解为若干个工作状态，明确各个状态的任务、状态转移条件和转移方向，再依据总的控制顺序，将这些状态组合成状态转移图，最后依照一定的规则将状态转移图转绘成梯形图程序。

2. 状态元件

FX$_{2N}$ 系列 PLC 状态元件的分类及编号如表 2-1 所示。此外，FX$_{2N}$ 系列 PLC 还为步进编程安排了两条专用的步进指令，如表 2-2 所示。

表 2-1　FX$_{2N}$ 系列 PLC 状态元件

类别	元件编号	点数	用途及特点
初始状态	S0～S9	10	用于状态转移图（SFC）的初始状态
返回原点	S10～S19	10	多运行模式控制当中，用作返回原点的状态
一般状态	S20～S499	480	用作状态转移图（SFC）的中间状态
掉电保持状态	S500～S899	400	具有停电保持功能，用于停电恢复后需继续执行停电前状态的场合
信号报警状态	S900～S999	100	用作报警元件使用

注：①状态的编号必须在指定范围内选择。

②各状态元件触点，在 PLC 内部可自由使用，次数不限。

③在不用步进顺控指令时，状态元件可作为辅助继电器在程序中使用。

表 2-2　步进顺控指令功能及梯形图符号

指令助记符、名称	功能	梯形图符号
STL 步进接点指令	步进接点驱动	Sxx ────╫──┤├──( )
RET 步进返回指令	步进程序结束返回	──[RET]

二、FX$_{2N}$系列 PLC 步进指令应用规则

从表 2-2 可知,FX$_{2N}$ 系列 PLC 有两条步进指令:步进接点指令 STL 和步进返回指令 RET。在了解了状态转移图后,采用步进顺控指令编程的重点是弄清状态转移图与步进梯形图之间的对应关系,并掌握步进指令的编程规则。

1. 步进顺控指令的意义

如图 2-3 所示为状态转移图片断与其步进梯形图对照。从图中不难看出,转移图中的一具状态在梯形图中用一条步进接点指令表示。步进接点指令 STL 的意义为"激活"某个状态,在梯形图上体现为主母线上引出的常开状态触点(用空心粗线绘出以示与普通常开触点的区别)。该触点有类似于主控触点的功能,该触点后的所有操作均受这个常开触点的控制。"激活"的第二层意思是采用 STL 步进接点指令编程的梯形图区间,只有被激活的程序段才被扫描执行,而且在状态转移图片的一个单流程,一次只有一个状态被激活,被激活的状态有自动关闭激活它的前个状态的能力。这样就形成了状态之间的隔离,使编程者在考虑某个状态的工作任务时,不必考虑状态间的联锁。而且当某个状态被关闭时,该状态中以 OUT 指令驱动的输出全部停止。这也使在步进编程区域的不同的状态中使用同一个线圈输出成为可能。

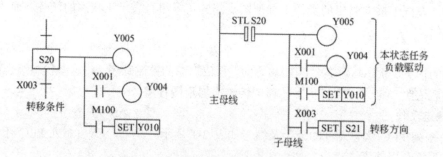

图 2-3　状态转移图与步进梯形图对照

2. 状态转移图(SFC)的基本要素

使用步进接点指令 STL 编制的步进梯形图和状态转移图一样,每个状态的程序表达十分规范。分析图 2-3 中的一个状态程序段不难看出每个状态程序段都由以下四个要素组成。

(1)步(状态)。SFC 中的步是指控制系统的一个工作状态,SFC 就由这些顺序相连的步所组成。在三菱 PLC 中,把步称为"状态",一个步就是一个状态。

(2)负载驱动(即本状态作什么)。如图 2-3 中的 OUT Y5,输入 X1 接通后的 OUT Y4 及 M100 接通后的 SET Y10。表达本状态的工作任务(输出)时可以使用 OUT 指令也可以使用 SET 指令。它们的区别是 OUT 指令驱动输出在本状态关闭后自动停止,而使用 SET 指令驱动的输出可保持到其他状态,直到程序的别的地方使用 RST 指令使其复位。值得注意的是并不是每一个状态都有负载驱动。

（3）转移条件（满足什么条件实行状态转移）。如果要满足多个条件才能转移，在画状态转移图时，也只能画一条横线，这时多个条件之间的逻辑关系在横线旁用逻辑算式表达出来。在图 2-3 中，接通 X3 时，执行 SET S21 指令，实现状态转移。

（4）转移的方向（转移到哪个状态去）。顺序转移到下一个状态，方框间的连线的箭头省略，如图 2-3 中 SET S21 指令指明下一个状态为 S21。

使用步进接点指令 STL 编制梯形图时的注意事项如下。

（1）关于顺序。一定要按照转移→建立步进接点→任务驱动，即 SET→STL→OUT（SET）的顺序编程。

（2）关于母线。STL 步进接点指令有建立子母线的功能，其后进行的状态输出及状态转移操作都在母线上进行。

（3）关于元器件的使用。允许同一元件的线圈在不同的 STL 接点后多次使用。在同一程序段中，同一状态继电器只能使用一次。

（4）程序进入与返回。在一个较长的程序中可能有状态程序段及非状态程序段，程序进入状态编程区间可以使用 PLC 的初始脉冲 M8002 作为进入初始状态的信号。在状态编程段转入非状态编程段时，必须使用步进返回指令 RET。该指令的含义是从 STL 指令建立的子母线返回到梯形图的原母线上去。

根据上面介绍的步进指令应用规则，根据图 2-2 所示的状态转移图，编出了图 2-4 所示的步进梯形图和图 2-5 对应的指令程序。

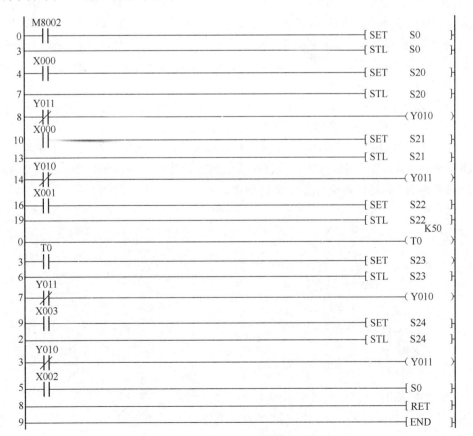

图 2-4　运料小车自动往返控制的步进梯形图

```
0    LD    M8002              23   LD    T0
1    SET   S0                 24   SET   S23
3    STL   S0                 26   STL   S23
4    LD    X000               27   LDI   Y011
5    SET   S20                28   OUT   Y010
7    STL   S20                29   LD    X003
8    LDI   Y011               30   SET   S24
9    OUT   Y010               32   STL   S24
10   LD    X000               33   LDI   Y010
11   SET   S21                34   OUT   Y011
13   STL   S21                35   LD    X002
14   LDI   Y010               36   OUT   S0
15   OUT   Y011               38   RET
16   LD    X001               39   END
17   SET   S22
19   STL   S22
20   OUT   T0      K50
```

图 2-5   运料小车自动往返控制的步进指令程序

三、顺序功能图（SFC）的种类

1. 单一流程的顺序功能图

单一流程是指步与步之间单线相连，从起步到结束没有分支。如上述的运料小车自动往返控制的顺序功能图就属于单一流程的 SFC。

2. 有条件分支的顺序功能图

控制电路中会遇到按不同条件进行不同动作的要求，如装配流水线上根据正品与非正品进行不同的加工包装；机械手根据抓取物品的类别移到相应的工作台，这些都属于有条件转移，如图 2-6 所示。当步进点 S20 动作后，X1、X11 哪一个转移条件成立，就执行哪一个流程。

3. 有并行流程的顺序功能图

在步进移动中，如果一个转移条件成立后，有两个或两个以上的步进回路同时被执行，这种方式称为并行流程方式。当每一个回路功能都执行完成后，再汇合成一点，执行下一个步进点。其顺序功能图如图 2-7 所示。在步进点 S20 被执行后，如果转移条件 X1 满足，则 S30、S31 回路与 S40、S41 回路同时执行，执行较快的回路须等待，必须每一个并行回路都执行完成后，同时条件 X2 满足，再执行 S50 步的动作。

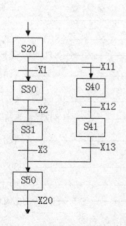

图 2-6   有条件分支的 SFC

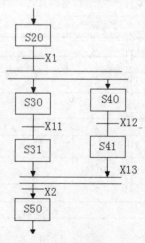

图 2-7   有并行流程的 SFC

4. 流程之间跳跃转移

　　顺序功能图允许流程之间相互跳跃，如图 2-8 所示，在步进点 S20 被执行后，如果转移条件 X1 满足，则执行 S21 步；如果转移条件 X4 满足就跳到另一个流程，执行 S31 步。同理，当 S32 执行后，如果条件 X13 满足，就执行 S33 步，如果条件 X5 满足，就跳到另一个流程，执行 S23 步。

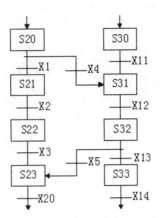

图 2-8　流程之间的跳跃转移

四、编程软件 GX 的 SFC 编程

　　前面介绍的编程方法是根据工程控制功能要求画出顺序功能图，然后按顺序功能图编写出相应的步进梯形图。人们一直在寻求一种可以直接用顺序功能图编写程序的方法，三菱公司一直在做这方面的努力。其推出的 GX 软件就是能够直接由顺序功能图进行编程的软件。那么什么情况下用步进梯形图编写程序，什么情况下用 SFC 编写程序呢？通常如果程序比较简单，建议用步进梯形图直接编写。如果程序复杂，并且程序较多，又有许多跳跃与分支，建议用 SFC 编程。SFC 编程有利于对程序的总体把握，在调试时特别方便。因为程序一旦复杂，语句上千句，在调试时会很难寻找到要调试的点与位，这时在 SFC 界面上修改会显得特别方便，很容易发现问题。

　　单流程的 SFC 编程以图 2-9 所示的简单单流程为例。

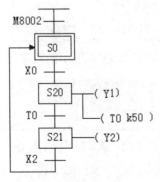

图 2-9　简单单流程例图

　　（1）打开软件，创建新工程。点击"创建新工程"后，弹出如图 2-10 所示的"创建新工程"对话框。

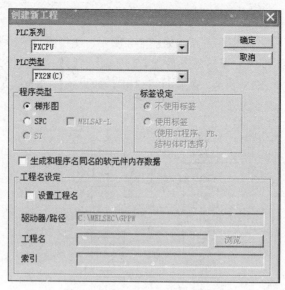

图 2-10 "创建新工程"对话框

（2）在"程序类型"栏中，选中 SFC，选中"设置工程名"复选框，点击"浏览"按钮选择要保存的路径，在工程名的空格中填写为工程取的名称，如图 2-11 所示。

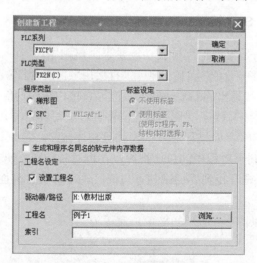

图 2-11 填写工程名对话框

（3）单击"确定"按钮，弹出如图 2-12 所示的新建工程确定对话框。

图 2-12 新建工程确定对话框

（4）单击"是"按钮，弹出如图 2-13 所示的表格。这是一份有关块信息的表格。在进行 SFC 编程时，顺序功能图（SFC）分为两种类型，一种是梯形图块，另一种是 SFC 块。所谓梯形图块，是在 SFC 程序中与主母线相连的程序段，是不属于步状态、游离在整个步结构之外的梯形图部分，如起始、结束、单独关停及其在步进返回指令 RET 后的用户程序段的内容，这些内容无法编到 SFC 当中，只能单独处理。而 SFC 块指的是步与步相连的顺序功能图，一个完整的顺序功能图都由两个部分组成，即梯形图块与 SFC 块。一个 SFC 块就是一个 SFC 流程，两类块的数量根据程序具体情况而定，分别编写。编写前要对每一个块进行定义，SFC 块通常以其初始状态的状态元件命名。一个 SFC 程序最多的能包含 10 个 SFC 块。编写完成后要对每一个块进行"变换"。"变换"后的每一块自动组合成一个完整的程序。

图 2-13　块信息表格

（5）以图 2-9 所示的简单顺序功能图为例，说明块的定义与具体的编写过程。

1）定义梯形图块。要使图 2-9 所示的 SFC 工作，必须使游离在 SFC 之外的 ${}_{M8002}$ ┤├ 有一条梯形图语句，如图 2-14 所示。它是进入顺序功能图的条件，不属于顺序功能图（SFC），它是一个梯形图块，所以要单独作为一个块来处理。

图 2-14　起始语句

具体操作方法是在图 2-13 所示的表格中，专门把它作为一个块来设置。双击标题 No"0"，弹出"块信息设置"对话框，如图 2-15 所示，在对话框内填入块名称，如"起始步"，选中"梯形图块"复选框，单击"执行"按钮。单击"执行"后，将出现如图 2-16 所示的梯形图块编辑界面。从图 2-16 可以看到，SFC 编辑界面有两个区，左边的是 SFC 编辑区，右边的是梯形图编辑区。将光标移到右边梯形图编辑区左母线的空白区，输入 M8002 的常开触点，回车，再按 F8 键，输入 SET S0 后回车，即出现如图 2-17 所示的界面。单击工具栏上的"变换"→"变换"命令，或按 F4 键，图 2-17 变白，表明梯形图块已经变换，从而起始语句输入进去。

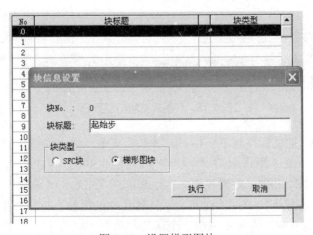

图 2-15　设置梯形图块

点击 程序 ▼ ⬚ ▼ 🔲↑ 空白方框下拉菜单，选择"MAIN"即回到图 2-18 的块信息列表。"梯形图块"前面的"−"表示已经变换。如果是"*"表示未变换，则需要点击菜单栏中的"变换"→"块变换（编辑中的所有的块）"命令，使"*"变成"-"。

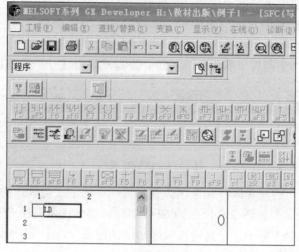

图 2-16　梯形图块编辑界面

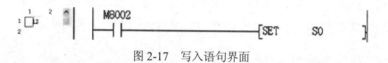

图 2-17　写入语句界面

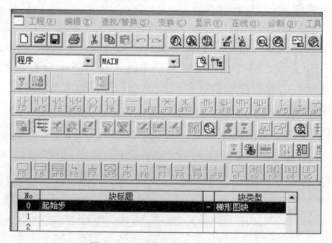

图 2-18　变换后的块信息列表

2）定义 SFC 块。把鼠标移到下一栏 No "1" 后双击，弹出如图 2-19 所示 "块信息设置"对话框。在"块标题"文本框内填写"主程序"后选中 SFC，单击"执行"按钮，弹出如图 2-20 所示的顺序功能图（SFC）编辑界面。在序功能图（SFC）的编辑界面出现了表示初始状态的双线框及表示状态相连的有向连线和表示转移条件的横线。若方框和横线旁有"? 0"，表示初始状态 S0 内还没有驱动输出梯形图。图标的左边有一列数字，为图标所在行位置编号；图标的上边有一行数字，为图标所在列位置编号。例如双线框的位置为 1×1（行×列）。

连续按回车键，直到框图与需要的基本一致后选择 JUMP，如图 2-21 所示。在空白栏填上"0"后，按回车，即出现如图 2-22 所示的顺序功能图的基本框图。

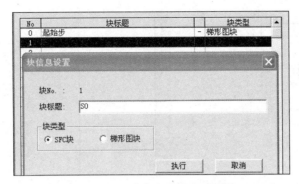

图 2-19　"块信息设置"对话框

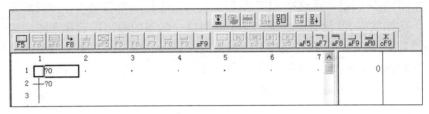

图 2-20　顺序功能图（SFC）编辑界面

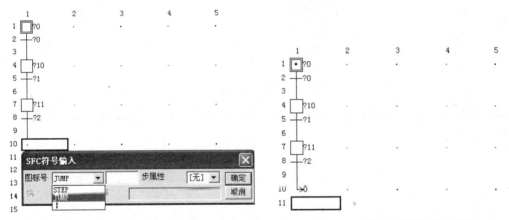

图 2-21　选择 JUMP 界面　　　　图 2-22　顺序功能图的基本框图

把光标移动到"？10"处，双击，弹出如图 2-23 所示的"SFC 符号输入"对话框。将 10 改成与原顺序功能图对应的 20，单击"确定"按钮。同理，"？11"也依此法修改。修改完成后变成如图 2-24 所示的步序与原图一致的顺序功能图的编辑界面。

图 2-23　"SFC 符号输入"对话框

从图 2-24 可以看到，在 SFC 块上是看不到与状态母线相连的有关驱动输出、转移条件和转移方向等梯形图程序的。把这些看不到的梯形图程序称为 SFC 内置梯形图。从图 2-24 还可以看到，SFC 编辑界面有两个区，左边的是 SFC 编辑区，右边的是梯形图编辑区。

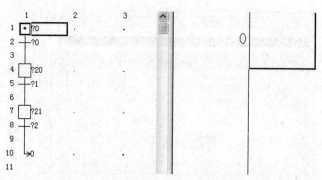

图 2-24　步序与原图一致的顺序功能图的编辑界面

对 SFC 块的编辑就是生成这些 SFC 图形，对它们进行编号和输入相应的内置梯形图。由于在本例中，初始状态 S0 没有驱动输出，不必对这一状态的输出内置梯形图编辑。将光标移到转移条件"？0"处，再单击右边梯形图编辑区左母线的空白区，输入 X0 的常开触点，回车，再输入 TRAN 后按回车，也可以按 F8 键来完成 TRAN 的输入，如图 2-25 所示。单击菜单栏上的"变换"或按 F4 键，梯形图变白，

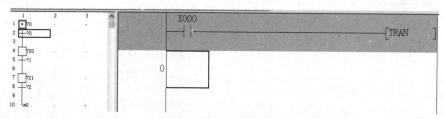

图 2-25　转移条件的写入

从图 2-26 可以看到，顺序功能图横线旁的"？0"中的"？"已经消失，说明转移条件输入已经完成。

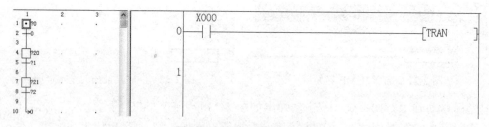

图 2-26　变换后的转移条件

将鼠标移到 4×1 处，单击右边梯形图编辑区，输入该状态的驱动负载，单击菜单栏上的"变换"或按 F4 键进行变换，变换后如图 2-27 所示。

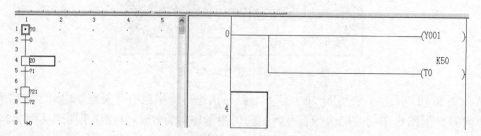

图 2-27　变换后的 S20 的驱动输出

用同样的办法把所有的转移条件和驱动负载输入，变换后，得到如图 2-28 所示的界面。

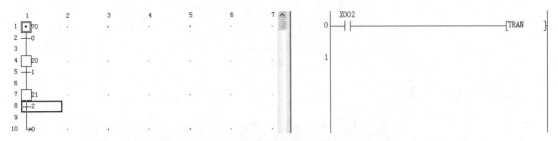

图 2-28　所有的转移条件和驱动负载都输入并变换了

从图 2-28 可以看出，左边的 SFC 编辑区的所有转移条件旁边的"？"均不见了，所有有驱动负载的状态旁边的"？"也不见了。左边的 SFC 编辑区的的光标在哪，右边梯形图编辑区就显示相应的梯形图。

单击 [程序 ▼] [▼] [图标] 空白框中下拉菜单中选择 MAIN，或单击左侧的 MAIN，回到块信息列表界面，如图 2-29 所示。

图 2-29　块信息列表

从图 2-29 中的块信息列表中，在 SFC 块前面是"*"表明标题为 S0 的 SFC 块还没有变换。单击菜单栏的"变换"→"块变换"命令或按 F4 键，即可看到 SFC 块前面的"*"变成了"-"号，如图 2-30 所示，表明 SFC 块转换完成。

图 2-30　SFC 块转换完成

（6）把 SFC 转换成梯形图的方法。所有 SFC 块和梯形图块都变换完了，才能把 SFC 变成梯形图。操作方法如图 2-31 所示。单击"工程"→"编辑数据"→"改变程序类型"命令，弹出如图 2-32 所示的"改变程序类型"对话框。

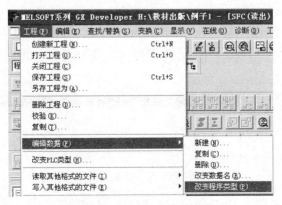

图 2-31　改变程序类型的方法

图 2-32　"改变程序类型"对话框

选择梯形图后，单击"确定"按钮。变成如图 2-33 所示的空画面。

图 2-33　SFC 转换成梯形图后的空画面

（7）将梯形图找出来的方法。双击左侧　　　　　中的 MAIN。GX Developer 软件就自动地把 SFC 变成梯形图了，如图 2-34 所示。

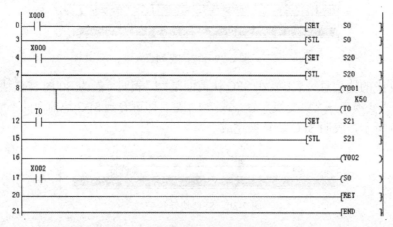

图 2-34　由 SFC 转换成的梯形图

（8）把梯形图变换成 SFC 的方法。把梯形图变换成 SFC 的方法与把 SFC 变换成梯形图的方法一致，只是在图 2-32 的"改变程序类型"对话框中选择 SFC 后，单击"确定"按钮。

确定后依然出现如图 2-33 所示空画面。双击左侧　　　　　中的 MAIN。出现如图 2-35 所示的块信息列表。双击图 2-35 中相应块的主格，即可显示相应块的梯形图。

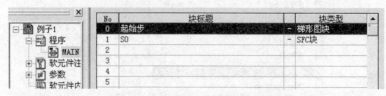

图 2-35　梯形图转换过来的块信息列表

注意：步进梯形图中的 RET 指令从 SFC 块的末端自动写入到与梯形图块的连接部分，因此，不能将 RET 指令输入到 SFC 块或梯形图块，RET 指令亦不会出现在画面中。

任务实施——单流程顺序功能图的流水灯控制

1. 任务实施的内容

用单一流程的顺序功能图来控制流水灯：有三盏彩灯，要求作流水灯控制，每盏灯只亮 1s，且任何时候只有一盏灯亮，自动循环，可随时关灯。

2. 任务实施要求

（1）掌握单一流程步进顺控 SFC 语言的编程方法。

（2）通过程序的调试，进一步牢固掌握步进顺控 SFC 语言的特点。

（3）掌握步进顺控 SFC 语言的编程方法，理解 SFC 流程图语言的执行过程。

（4）掌握 SFC 程序与梯形图程序转换的方法。

（5）掌握在 GX 编程软件中利用 SFC 监控程序的方法。

3. 设备、器材及仪表

个人 PC 机 1 台、三菱 FX$_{2N}$-48MR PLC 1 台、连接电缆 1 根、操作板 1 块、万用表 1 个。

4. 确定 I/O 分配表

如表 2-3 所示。

表 2-3　流水灯的 I/O 分配表

输入设备	输入点编号	输出设备	输出点编号
启动按钮 SB1	X0	EL1	Y0
停止按钮 SB3	X1	EL2	Y1
		EL3	Y2

5. 任务实施的顺序功能图

根据控制要求画出的顺序功能图如图 2-36 所示。

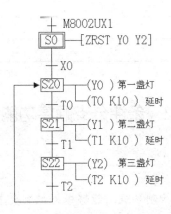

图 2-36　流水灯顺序功能图

6. 任务实施步骤

（1）在 PC 机启动三菱 GX Developer 编程软件，新建工程，进入编程环境。

（2）根据图 2-36 所示功能图在 GX 编程软件上建立相应的梯形图块和 SFC 图块，将各自的转移条件和驱动输入，转换后，下载到 PLC，试运行，看是否达到控制要求。

（3）在 SFC 图界面上监控程序的运行状态。

（4）将 SFC 功能图转化成步进梯形图并进行程序运行监控。体会两者的优缺点。

（5）关电，拆线、收拾工具并整理桌面。

7. 考核标准

本项任务的评分标准如表 2-4 所示。

表 2-4　单流程顺序控制考核标准

序号	考核内容	考核要求	评价标准	配分	扣分	得分
1	方案设计	根据控制要求，画出 I/O 分配表，设计顺序功能图，画出 PLC 的外部接线图	I/O 地址分配错误或遗漏，每处扣 1 分顺序功能图画错误，每处扣 2 分	20		
2	安装与接线	按 PLC 的外部接线在操作板上正确接线，要求接线正确、紧固、美观	接线不紧固每根扣 2 分不按图接线每处扣 2 分	20		
3	程序输入与调试	学会编程软件的 SFC 图的基本操作，正确在编程软件 GX 中上对软件进行 SFC 图与步进梯形图的转换、能正确将程序下载到 PLC 并按动作要求进行模拟调试，达到控制要求	不会梯形图块操作的扣 10 分不会输入初始状态的转移条件，扣 2 分不会输入顺序功能图块中的转移条件和驱动任务的，各扣 2 分不会建立块信息表的扣 5 分不会在顺序功能图与步进梯形图之间转换的扣 5 分第一次试车不成功扣 5 分，第二次试车不成功扣 10 分，第三次试车不成功扣 20 分	50		
4	安全与文明生产	遵守国家相关专业安全文明生产规程，遵守学校纪律、学习态度端正	不遵守教学场所规章制度，扣 2 分出现重大事故或人为损坏设备，扣 10 分	10		
5	备注	电气元件均采用国家统一规定的图形符号和文字符号	由教师或指定学生代表负责依据评分标准评定	合 计 100 分		
小组成员签名						
教师签名						

工作任务 2　条件分支顺序功能图的绘制

能力目标

能够分析有条件分支的顺序控制系统；能够根据控制要求画出其功能图；能够熟悉的在 GX 编程软件中进行顺序功能图与步进梯形图之间的切换。

知识目标

掌握 FX_{2N} 系列 PLC 在 GX 编程编程软件中条件分支顺序控制的梯形图的输入方法；掌握有条件分支顺序控制系统的应用场合。

相关知识

条件分支顺序功能图的绘制步骤

条件分支顺序控制是工业上用得比较多的一种情况。如装配流水线上根据正品与非正品进行不同的加工包装；机械手根据抓取物品的类别移到相应的工作台，就是典型的条件分支顺序控制。现在以机械手分拣大小球为例介绍条件分支顺序控制顺序功能图在三菱 PLC 编程软件 GX 上的制作方法。

图 2-37 所示为使用传送带将大、小球分类放置的示意图。

（1）机械手分拣大小控制功能要求。

启动系统时，机械手要求在原点。机械手初始状态为左上角，即上限 SQ3 及左限位 SQ1 压合，同时机械手处于放松状态和球槽内有球（接近开关 SP 闭合），这时原位批示灯亮，表示准备就绪。按下启动按钮 SB1（X6）后，机械手下降，经过 2s 后，机械手一定会碰到球，如果同时碰到下限开关 SQ2，则一定是小球；如果此时未碰到下限开关 SQ2，则一定是大球。机械手吸住球后就提升，碰到上限位开关 SQ3 后就右行。如果是小球，则右行到 SQ4 处；如果是大球，则右行到 SQ5 处，机械手下降，当碰到下限开关 SQ2 时，将小球放到小球容器中；如果是大球，则释放到大球容器中。释放后机械手提升，碰到上限 SQ3 后，左行。左行到碰到左限位开关 SQ1 时停下来，至此，一个工作循环结束。

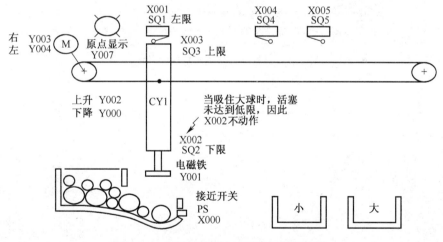

图 2-37　机械手分拣大小球的工作示意图

（2）根据控制要求，画出该系统的顺序功能图，如图 2-38 所示。

（3）根据 2-38 所示的顺序功能图，用 GX Developer 软件编 SFC 程序。

1）用前面介绍的方法，打开软件，建立梯形图块和标题为 S0 的 SFC 块。

2）对 SFC 块进行编辑。在图 2-20 所示的顺序功能图（SFC）的编辑界面回车，当光标在 5×1 位置时，如图 2-39 所示。单击按钮 ，将鼠标移动到光标位置，按住鼠标左键不放，向右拖动光标，当光标到 6×2 位置时，松开左键，如图 2-40 所示。

将光标移到 6×1 的位置，一直回车，直到光标到 16×1 的位置。将光标移动到 6×2 位置，一直回车，直到光标到 14×2 的位置，单击按钮 ，将鼠标移动到光标位置，按住鼠标左键不放，向左拖动光标，当光标到 15×1 位置时，松开左键，SFC 块变成如图 2-41 所示。

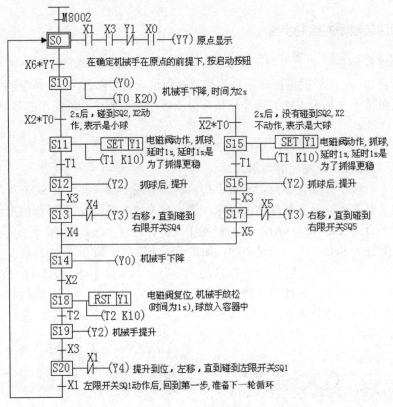

图 3-38　机械手分拣大小球顺序功能图

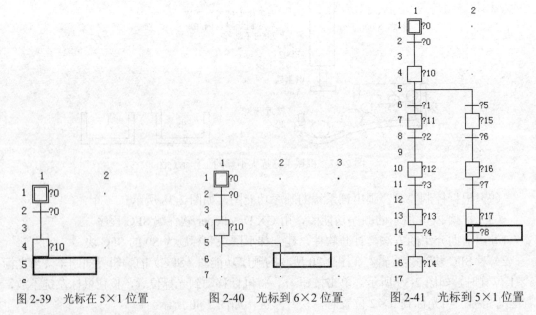

图 2-39　光标在 5×1 位置　　　图 2-40　光标到 6×2 位置　　　图 2-41　光标到 5×1 位置

将光标放在 14×1 处，一直回车，直到光标到 25×1 处，双击，选择 JUMP，输入 0 单击"确定"按钮，完成绘制 SFC 块形状的工作。

按前面介绍的方法，完成对 SFC 块所有转移条件和驱动负载的输入工作。输入完成后，对 SFC 块进行变换，变换后就完成了所有的编写工作。

任务实施——条件分支顺序功能图的流水灯控制

1. 任务实施的内容

用条件分支顺序功能图来进行循环次数限定的流水灯控制。控制流水灯：有三盏彩灯，要求作流水灯控制，每盏灯只亮 1s，且任何时候只有一盏灯亮，自动循环，循环 6 次后自动熄灭，可随时关灯。

2. 任务实施要求

（1）掌握在 GX 编程软件中条件分支顺序功能图的制作方法。

（2）通过程序的调试，进一步牢固掌握步进顺控 SFC 语言的特点。

（3）掌握步进顺控 SFC 语言的编程方法，理解 SFC 流程图语言的执行过程。

（4）掌握 SFC 程序与梯形图程序转换的方法。

（5）掌握在 GX 编程软件中利用 SFC 监控程序的方法。

3. 设备、器材及仪表

个人 PC 机 1 台、三菱 FX_{2N}-48MR PLC 1 台、连接电缆 1 根、操作板 1 块、万用表 1 个。

4. 确定 I/O 分配表

如表 2-5 所示。

表 2-5　循环次数受限的流水灯的 I/O 分配表

输入设备	输入点编号	输出设备	输出点编号
启动按钮 SB1	X0	EL1	Y0
停止按钮 SB3	X1	EL2	Y1
		EL3	Y2

5. 任务实施的顺序功能图

根据控制要求画出的顺序功能图如图 2-42 所示。

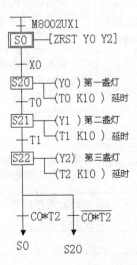

图 2-42　流水灯顺序功能图

6. 任务实施步骤

（1）在 PC 机启动三菱 GX Developer 编程软件，新建工程，进入编程环境。

（2）根据图 2-42 在 GX 编程软件上建立相应的梯形图块和 SFC 图块，由于该控制要求与模块二工作任务 1 中相比增加一个统计计数脉冲和计数器复位的功能，这些内容无法编到 SFC 当中，只能单独处理。处理的方法是增加一个统计计数脉冲和计数器复位的功能的梯形图块，如图 2-41 所示。将各自的转移条件和驱动输入，转换后，下载到 PLC，试运行，看是否达到控制要求。

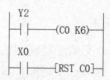

图 2-43　循环次数限定的流水灯梯形图块

（3）在 SFC 图界面上监控程序的运行状态。

（4）将 SFC 功能图转化成步进梯形图并进行程序运行监控。体会两者的优缺点。

（5）关电，拆线、收拾工具并整理桌面。

7. 考核标准

本项任务的评分标准如表 2-6 所示。

表 2-6　条件分支顺序控制考核标准

序号	考核内容	考核要求	评价标准	配分	扣分	得分
1	方案设计	根据控制要求，画出 I/O 分配表，设计顺序功能图，画出 PLC 的外部接线图	I/O 地址分配错误或遗漏，每处扣 1 分 顺序功能图画错误，每处扣 2 分	20		
2	安装与接线	按 PLC 的外部接线在操作板上正确接线，要求接线正确、紧固、美观	接线不紧固每根扣 2 分 不按图接线每处扣 2 分	20		
3	程序输入与调试	学会编程软件的 SFC 图的基本操作，正确在编程软件 GX 中上对软件进行 SFC 图与步进梯形图的转换、能正确将程序下载到 PLC 并按动作要求进行模拟调试，达到控制要求	不会梯形图块的输入的，扣 10 分 不会输入初始状态的转移条件，扣 2 分 不会输入顺序功能图块中的转移条件和驱动任务的，各扣 2 分 不会建立块信息表的扣 5 分 不会在顺序功能图与步进梯形图之间转换的扣 5 分 第一次试车不成功扣 5 分，第二次试车不成功扣 10 分，第三次试车不成功扣 20 分	50		
4	安全与文明生产	遵守国家相关专业安全文明生产规程，遵守学校纪律、学习态度端正	不遵守教学场所规章制度，扣 2 分 出现重大事故或人为损坏设备，扣 10 分	10		
5	备注	电气元件均采用国家统一规定的图形符号和文字符号	由教师或指定学生代表负责依据评分标准评定	合计 100分		
小组成员签名						
教师签名						

工作任务3 并行流程的顺序功能图的绘制

能力目标

能够判断并分析并行流程的顺序控制系统；能够根据控制要求画出其功能图；能够熟练地在 GX 编程软件中进行顺序功能图与步进梯形图之间的切换。

知识目标

掌握 FX$_{2N}$ 系列 PLC 在 GX 编程编程软件中并行顺序控制的梯形图的输入方法；掌握并行流程顺序控制系统的应用场合。

相关知识

并行流程顺序功能图的绘制步骤

1. 有并行流程的顺序功能图的绘制

（1）组合机床的控制要求。

下面以一台多工位、双动力头组合机床为例，来讲解并行流程的顺序功能图的绘制。如图 2-44 所示为组合机床的工作示意图。

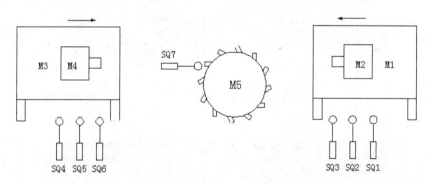

图 2-44 组合机床工作示意图

其工艺流程为：

原位，回转工作台上的夹具放松 → 启动 → 夹具夹紧 —1s→ ⎰滑台M1快进 —SQ1→
（动力头压合SQ6、SQ3；回转工作台压合SQ7）　　　　　⎱滑台M3快进 —SQ4→

M1工进，动力头M2旋转 —SQ2→ 动力头M2停止，M1快退 —SQ3→ 滑台M1快进 ⎫
M3工进，动力头M4旋转 —SQ5→ 动力头M4停止，M3快退 —SQ6→ 滑台M3快进 ⎭夹具放松

—1s→ 调整工作，回转工作台90° → 停止

（回转台M5周边均匀地安装了12个撞块，通过SQ7的信号可作30°的分度）

（2）列 I/O 分配表。

见表 2-7 所示。

表 2-7　组合机床控制电路的 I/O 分配表

输入设备	输入点编号	输出设备	输出点编号
启动按钮 SB	X0	M1 快进	Y1
行程开关 SQ1	X1	M1 工进	Y1，Y2
行程开关 SQ2	X2	M1 快退	Y3
行程开关 SQ3	X3	M2 旋转	Y11
行程开关 SQ4	X4	M3 快进	Y4
行程开关 SQ5	X5	M3 工进	Y4，Y5
行程开关 SQ6	X6	M3 快退	Y6
行程开关 SQ7	X7	M4 旋转	Y12
		回转工作台 M5 旋转	Y10
		夹具夹紧电磁阀	Y7

（3）根据控制要求，画出该系统的顺序功能图，如图 2-45 所示。

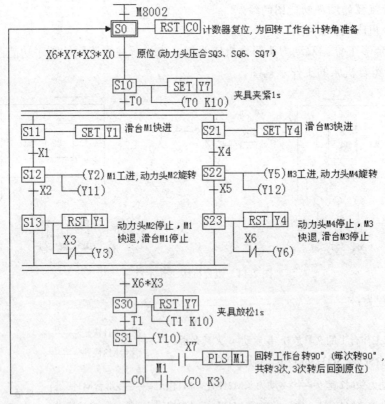

图 2-45　组合机床顺序功能图

（4）根据图 2-45 所示的顺序功能图，用 GX Developer 软件编 SFC 程序。

1）用前面介绍的方法，打开软件，建立梯形图块和标题为 S0 的 SFC 块。

2）对 SFC 块进行编辑。在图 2-20 所示的顺序功能图（SFC）的编辑界面回车（当然也可以一边建立 SFC，一边输入负载驱动和转移条件，或者也可以把整个 SFC 绘制完成后，才统一进行负载驱动和转移条件的输入）。当光标在 6×1 位置时，单击按钮 ⎓F8，将鼠标移动到光标位置，按住鼠标左键不放，向右拖动光标，当光标到 6×2 位置时，松开左键，如图 2-46 所示。

将光标移到到 6×1 位置，继续回车，当光标到 13×1 位置时，停止回车，将光标移到 7×2 位置，继续回车，直到光标到 13×2 位置时，停止回车。单击按钮 ⎓F10 将鼠标移动到光标位置，按住鼠标左键不放，向左拖动光标，当光标到 14×1 位置时，松开左键，形成如图 2-45 所示图形。

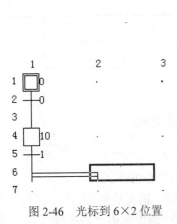

图 2-46　光标到 6×2 位置

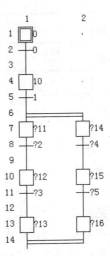

图 2-47　光标到 14×1 位置

将光标放在 14×1 处，一直回车，状态序号会从 16 递增到 18，为了与图 2-47 的顺序功能图一致处，可将状态 17 和状态 18 改成 30 和 31。直到光标到 22×1 处，双击，选择 JUMP 输入"0"单击"确定"按钮，完成绘制 SFC 块形状的工作。

按前面介绍的方法，完成对 SFC 块所有转移条件和驱动负载的输入工作。输入完成后，对 SFC 块进行变换，变换后就完成了所有的编写工作。

任务实施——并行流程顺序功能图的交通灯控制

1. 任务实施的内容

用并行流程顺序功能图来进行交通信号灯控制，如图 2-48 所示。

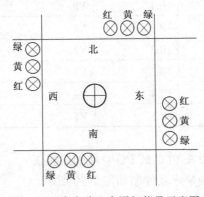

图 2-48　十字路口交通灯信号示意图

控制要求为：

（1）在十字路口，要求东西方向和南北方向各通行 30s，并周而复始。

（2）在南北方向通行时，东西向的红灯亮 30s，而南北方向的绿灯先亮 20s 后再闪 5s（暗 0.5s，亮 0.5s）后黄灯亮 5s。

（3）在东西方向通行时，南北方向的红灯亮 30s，而东西方向的绿灯先亮 20s 后再闪 5s（暗 0.5s，亮 0.5s）后黄灯亮 5s。

十字路口交通灯时间图如图 2-49 所示。

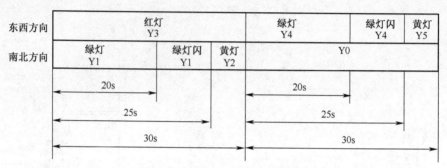

图 2-49　十字路口的交通灯时间图

2. 任务实施要求

（1）掌握在 GX 编程软件中条件分支顺序功能图的制作方法。

（2）通过程序的调试，进一步牢固掌握步进顺控 SFC 语言的特点。

（3）掌握步进顺控 SFC 语言的编程方法，理解 SFC 流程图语言的执行过程。

（4）掌握 SFC 程序与梯形图程序转换的方法。

（5）掌握在 GX 编程软件中利用 SFC 监控程序的方法。

3. 设备、器材及仪表

个人 PC 机 1 台、三菱 FX2N-48MR PLC 1 台、连接电缆 1 根、操作板 1 块、万用表 1 个。

4. 确定 I/O 分配表

如表 2-8 所示。

表 2-8　十字路口交通灯的 I/O 分配表

输入设备	输入点编号	输出设备	输出点编号	
启动按钮 SB1	X0	HL1	Y0	南北红灯
停止按钮 SB2	X1	HL2	Y1	南北绿灯
		HL3	Y2	南北黄灯
		HL3	Y3	东西红灯
		HL4	Y4	东西绿灯
		HL5	Y5	东西黄灯

5. 任务实施的顺序功能图及 PLC 的 I/O 口硬件连接图

（1）根据控制要求画出的顺序功能图如图 2-50 所示。

（2）PLC 的 I/O 口硬件连接图如图 2-51 所示。

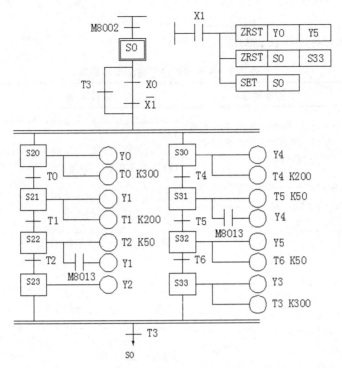

图 2-50　流水灯顺序功能图

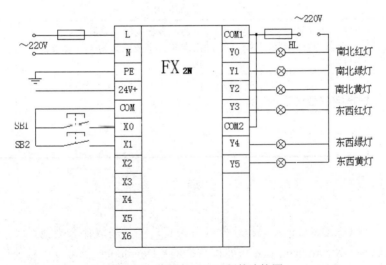

图 2-51　交通灯 I/O 口硬件连接图

6. 任务实施步骤

（1）在 PC 机启动三菱 GX Developer 编程软件，新建工程，进入编程环境。

（2）根据图 2-50 所示在 GX 编程软件上建立相应的梯形图块和 SFC 图块，将各自的转移条件和驱动输入，转换后，下载到 PLC，试运行，看是否达到控制要求。

（3）在 SFC 图界面上监控程序的运行状态。

1）将 SFC 功能图转化成步进梯形图并进行程序运行监控。

2）关电，拆线、收拾工具并整理桌面。

7. 考核标准

本项任务的评分标准如表 2-9 所示。

表 2-9　并行流程顺序控制考核标准

序号	考核内容	考核要求	评价标准	配分	扣分	得分
1	方案设计	根据控制要求，画出 I/O 分配表，设计顺序功能图，画出 PLC 的 I/O 接线图	I/O 地址分配错误或遗漏，每处扣 1 分 顺序功能图画错误，每处扣 2 分 I/O 接线图错误，每处扣 5 分	20		
2	安装与接线	按 PLC 的外部接线在操作板上正确接线，要求接线正确、紧固、美观	接线不紧固每根扣 2 分 不按图接线每处扣 2 分	20		
3	程序输入与调试	学会编程软件的 SFC 图的基本操作，正确在编程软件 GX 中对软件进行 SFC 图与步进梯形图的转换、能正确将程序下载到 PLC 并按动作要求进行模拟调试，达到控制要求	不会梯形图块操作的扣 10 分 不会输入初始状态的转移条件，扣 2 分 不会输入顺序功能图块中的并行条件和驱动任务的，各扣 2 分 不会建立块信息表的扣 5 分 不会在顺序功能图与步进梯形图之间转换的扣 5 分 第一次试车不成功扣 5 分，第二次试车不成功扣 10 分，第三次试车不成功扣 20 分	50		
4	安全与文明生产	遵守国家相关专业安全文明生产规程，遵守学校纪律、学习态度端正	不遵守教学场所规章制度，扣 2 分 出现重大事故或人为损坏设备，扣 10 分	10		
5	备注	电气元件均采用国家统一规定的图形符号和文字符号	由教师或指定学生代表负责依据评分标准评定	合计 100 分		
小组成员签名						
教师签名						

习题二

2-1　要使三菱 GX Developer 编程软件具有仿真功能需采取什么措施？

2-2　仿真软件 GX Simulator 6cn 与编程软件 GX Developer 都可以单独使用对吗？

2-3　说明步进编程思想的特点及适用场合。

2-4　用顺序功能图法重做 1-16 题。

2-5　冲床机械手的运动。在机械加工中经常使用冲床，某冲床机械手运动的示意图如习题图 2-1 所示。初始状态时机械手在最左边（X4＝ON），冲头在最上面（X3＝ON），机械手松开（Y0＝OFF）。工作要求：按下启动按钮 X0，机械手夹紧，工件被夹紧并保持，2s 后机械手右行（Y1 被置位），直到碰到 X1，以后将顺序完成以下动作：冲头下行，冲头上行，机械手左行，机械手松开，延时 1s 后，系统返回初始状态。

　　任务要求：①写出 PLC 输入输出分配表；②画出状态转移图；③编写步进梯形图和指令表程序。

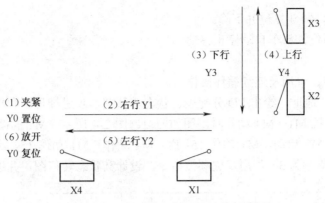

习题图 2-1　某冲床机械手运动的示意图

2-6　有一小车运行过程如习题图 2-2 所示。小车原位在后退终端，当小车压下后限位开关 SQ1 时，按下启动按钮 SB1，小车前进，当运行至料斗下方时，前限位开关 SQ2 动作，此时打开料斗给小车加料，延时 8s 后关闭料斗，小车后退返回。SQ1 动作时，打开小车底门卸料，6s 后结束，完成一次动作，如此循环。按下停止按钮 SB2，所有驱动部件停止运行。

任务要求：①写出 PLC 输入输出分配表；②画出状态转移图；③编写步进梯形图和指令表程序。

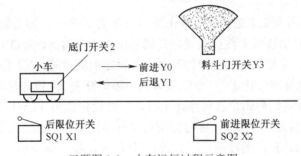

习题图 2-2　小车运行过程示意图

2-7　试设计一条用 PLC 控制的自动装卸线。自动线结构示意图如习题图 2-3 所示。

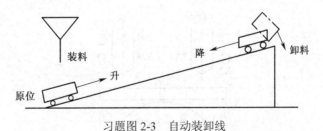

习题图 2-3　自动装卸线

装卸线操作过程是：

（1）料车在原位，显示原位状态；按启动按钮，自动线开始工作。

（2）加料定时 5s，加料结束。

（3）延时 1s，料车上升。

（4）上升到位，自动停止移动。

（5）延时 1s，料车自动卸料。

（6）卸料 10s，料斗复位并下降。

（7）下降到原位，料车自动停止移动。

设计要求：

（1）具有单步、单周及连续循环操作。

（2）分配 PLC 地址，绘出 I/O 分配表、状态转移图、步进梯形图和指令表程序。

2-8　四台电动机 M1～M4 动作时序图如图习题图 2-4 所示。M1 的循环周期为 34s，M1 动作 10s 后，M2、M3 启动，M1 动作 15s 后，M4 动作，M1 动作 15s 后，M4 动作，M2、M3、M4 循环动作周期为 34s，用步进顺控指令，设计其状态转移图，并进行编程。

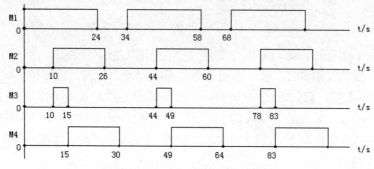

习题图 2-4　4 台电动机动作时序图

2-9　某组合钻床用来加工圆盘状零件上均匀分布的 6 个孔，如习题图 2-5 所示。操作人员放好工件后，按下启动按钮工件被夹紧，夹紧后压力继电器 X1 为 ON，Y1 和 Y3 使两只钻头同时开始向下进给。大钻头钻到由限位开关 X2 设定的深度时，Y2 使它上升，升到由限位开关 X3 设定的起始位置时停止上行。小钻头钻到由限位开关 X4 设定的深度时，Y4 使它上升，升到由限位开关 X5 设定的起始位置时停止上行，同时设定值为 3 的计数器的当前值加 1。两个都到位后，Y5 使工件旋转 120°，旋转结束后又开始钻第二对孔。3 对孔都钻完后，计数器的当前值等于设定值 3，转换条件满足。Y6 使工件松开，松开到位后，系统返回初始状态。

任务要求：①写出 PLC 输入输出分配表；②画出状态转移图；③编写步进梯形图和指令表程序。

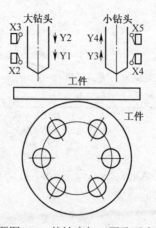

习题图 2-5　某钻床加工圆孔示意图

模块三　三菱 PLC 功能指令

工作任务 1　运料小车多工位控制

能力目标

能够分析一般的 PLC 控制系统；能够根据控制要求，熟练应用功能指令编写出简明、正确的控制程序。

知识目标

掌握 FX$_{2N}$ 系列 PLC 中位软元件及字软元件的用法；掌握传送与比较功能指令的基本格式；掌握常用的传送与比较功能指令的作用与用法。

相关知识

一、数据类软元件及存储器

对于一般的传统工业控制电路，利用 PLC 基本指令与步进指令编程已能基本满足要求，但随着现代工业控制技术的发展，PLC 仅用基本指令和步进指令编程是远远不能满足某些工业现场的要求的。现代工业控制在许多场合需要进行数据处理，如数据的传送、运算、变换及程序控制等。这使得 PLC 成为真正意义上的计算机。特别是近年来，出现了许多一条指令即能实现以往需要大段程序才能实现的功能，如 PID 功能、表功能指令，这类指令实际上是一个个功能完整的子程序，从而大大提高了 PLC 的工业应用价值和应用范围。

在前面的内容中，已经介绍了输入继电器 X、输出继电器 Y、辅助继电器 M、状态继电器 S 等编程元件。这些软元件在可编程控制器内部反映的是"位"的变化，主要用于开关量信息的传递、变换及逻辑处理，称为"位元件"。而在 PLC 内部，由于功能指令的引入，需要处理大量的数据信息，需设置大量的用于存储数据的软元件，这些元件大多以存储器字节或字为存储单位，统称为"字元件"。字元件中的数值可通过程序赋予或通过运算产生，也可以用数据存取单元（外部设备）或编程装置读出与写入。

1. 数据类软元件的类型及使用

（1）数据寄存器（D）。

数据寄存器是用于存储数值数据的软元件，FX$_{2N}$ 系列 PLC 中为 16 位（最高位为符号位，可处理数值范围为-32，768～+32，768），如将两个相邻数据寄存器组合，可存储 32 位（最高位为符号位，可处理数值范围为-2，147，483，648～+2，147，483，648）。16 位及 32 位数据各位的权值如图 3-1 所示。

常用的数据寄存器有以下几类：

1）通用数据寄存器（D0～D199 共 200 点）通用数据寄存器一旦数据写入，只要不再写入其他数据，其内容就不会发生变化。但是在 PLC 从运行到停止或停电时，所有数据被清零（如果用驱动特殊辅助继电器 M8033，则可以保持）。

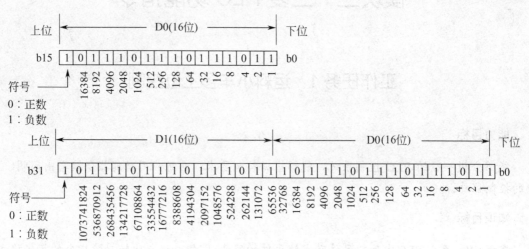

图 3-1　16/32 位二进制数据各位权值

2）断电保持数据寄存器（D200～D511 共 312 点）只要不改写，无论 PLC 是从运行到停止，还是停电时，断电保持数据寄存器将保持原有数据而不丢失。

如果采用并联通信功能时，当从主站到从站，则 D490～D499 被作为通信占用；当从站到主站，则 D500～D509 被作为通信占用。

当然数据寄存器的掉电保持功能也可以通过外围设备确定。以上是出厂时的设定。

3）特殊数据寄存器（D8000～D8255）特殊数据寄存器供监控机内元件的运行方式用。在接通电源时，利用系统只读存储器写入初始值。

（2）变址寄存器（V0～V7，Z0～Z7 共 16 点）。

变址寄存器 V、Z 和通用数据寄存器一样，是进行数值数据读、写的 16 位数据寄存器。主要用于运算操作数地址的修改。

进行 32 位数据运算时，将 V0～V7，Z0～Z7 对号结合使用，Z 为低位，则 V 为高位，如组合成为（V0，Z0）。

现举一个变址寄存器应用的例子。

MOV　　　D5V0　　D10Z0

这是一条传送指令，D5V0 表示操作数的源址，即要传送数据存放的地址。而 D10Z0 表示操作数的终址，即要传送数据到存放的地址。简单地说就是把 D5V0 中的数传送到 D10Z0 中存起来。那么 D5V0 地址是多少？D10Z0 地址是多少？D5V0 表示从 D5 开始向后偏移 V0 个单元寄存器时要传送数据存放的地址寄存器。如果 V0=K8，则从 D5 开始向后偏移 8 个单元的寄存器即 D5+8=D13 是要传送数据存放的源址。同样理解，如果 Z0=K10，D10Z0 表示从 D10 开始向后偏移 10 个单元的寄存器，即 D10+10=D20 是传送数据存放的终址。这条传送指令执行的结果是把 D13 所存的数据转移至 D20 寄存器中去。

可以用变址寄存器进行变址的软元件是：X、Y、M、S、P、T、C、D、K、H、KnX、KnY、KnM、KnS（KnΔ 为位组合元件）。例如 V0=6，则 K20V0=K26。但是，变址寄存器不能修改 V 与 Z 本身或指定位数用的 Kn 参数。例如 K4M0Z 有效，而 K0ZM0 无效。

2. 数据类软元件的结构形式

（1）基本形式。FX$_{2N}$系列 PLC 数据类元件的基本结构为 16 位存储单元。最高位（第 16 位）为符号位。机内的 T、C、D、V、Z 元件均为 16 位元件。称为"字元件"。

（2）双字元件。为了完成 32 位数据的存储，可以使用两个字元件组成"双字元件"，其中低位元件存储 32 位数据的低位部分，高位元件存储 32 位数据的高位部分。最高位（第 32 位）为符号位。在指令中使用双字元件时，一般只用其低位地址表示这个元件，其高位同时被指令使用。虽然取奇数或偶数地址作为双字元件的低位是任意的，但为了减少元件安排上的错误，建议用偶数作为双字元件的元件号。

（3）位组合元件　位元件 X，Y，M，S 是只有两种状态的编程元件，而字元件是以 16 位寄存器为存储单元的处理数据的编程元件。但是字元件也是一位一位的只有两种状态的位组成的。如果我们把位元件进行组合，例如用 16 个 M 元件组成一组位元件并规定 M 元件的两种状态分别为"1"和"0"，例如把通表示"1"，断表示"0"，这样由 16 个 M 元件组成的 16 位二进制数则也可以看成是一个"字"元件。例如 K4M0 为 16 个 M 软元件，从 M0~M15，并规定其顺序为 M15，M14，…，M0，则如果其通断状况为 0000 0100 1100 0101（即 M0，M2，M6，M7，M10 为通，其余皆断），这也是一个十六进制数 H04D5。这样就把组合位元件和字元件联系起来了。

三菱 FX$_{2N}$对组合位元件做了如下一系列规定。

1）组合元件的助记符是 Kn +，组件起始号，其中：n 表示组数，起始号为组件中元件的最低编号。

2）组合位元件的位组规定 4 位为一组，表示四位二进制数，多于一组以 4 的倍数增加，例如 K2X0 表示 2 组 8 位组合 X 位元件 X7~X0；K8M10 表示 8 组 32 位组合 M 位元件 M41~M10。

此外，位组合元件还可以变址使用，如 KnXZ、KnYZ、Kn MZ、KnSZ 等，这给编程带来很大的灵活性。

二、功能指令的表达形式、使用要素

FX$_{2N}$系列 PLC 目前具有的应用指令已超过上百个，按功能可分为：传送与比较、算术及逻辑运算、循环与移位、数据处理等。由于篇幅有限，本书不能作一一介绍，本章将重点介绍部分常用应用指令。但为了让读者在工作与学习中能够借助 FX$_{2N}$的编程手册看懂 PLC 的应用指令，拓宽读者的知识面，提高读者的自学能力，在介绍应用指令前有必要对功能指令的格式进行简单介绍。

下面以加法指令 ADD 为例，FX 系列的编程手册（JY992D62001）对功能指令的表达形式如图 3-2 所示。

1. 执行形式

执行形式用如图 3-3 形式表示。此图表示了如下三种含义。

（1）功能码和助记符。

FNC 20 表示该指令的功能码（或操作码），在用简易编程器编程时用到。ADD 表示该指令的助记符（编程软件输入符），而在该图形的右侧"BIN 加算"为指令的简称。

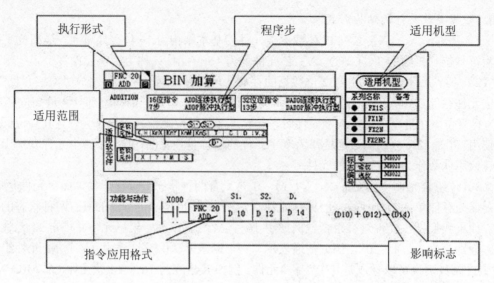

图 3-2　应用于指令表达形式

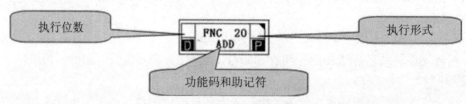

图 3-3　执行形式表示

（2）执行位数。

功能指令在进行数字处理时，有 16 位、32 位之分，如为 32 位指令则在指令前添加 D 以示区别。如 ADD 为 16 位，而 DADD 为 32 位。

功能码左侧有上下两个方格，上格为 16 位表示，下格为 32 位。具体含义是：如方格为虚线，则表示该指令与该位无关；如表示为实线，表示指令可以使用该位，如图 3-4 所示。

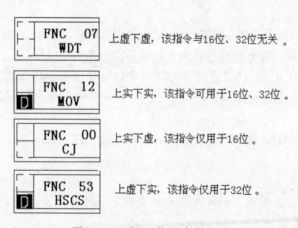

图 3-4　16 位 32 位形式表示

（3）执行形式。

指令在执行时，有两种执行形式：

连续执行型：驱动条件成立，在每个扫描周期都执行一次。

脉冲执行型：驱动条件成立一次，指令执行一次，与扫描无关。

应用指令的执行形式用功能码右侧的上下两个方格表示，上格为连续执行型，下格为脉冲执行型。所有功能指令的执行形式只有三种情况，如图 3-5 所示。

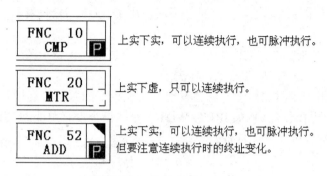

图 3-5　执行形式表示

2. 程序步

在指令名称下方，列出了该指令执行的程序步。程序步与执行的数据位有关。32 位要比 16 位的程序步多。程序步也表示了功能指令的执行时间，程序步越多，指令的执行时间越长。

3. 适用机型

FX 系列编程手册（JY992D62001）是三菱 FX_{1S}，FX_{1N}，FX_{2N}，FX_{2NC} 的统一编程手册，由于他们之间会稍有不同，手册在这方面给出了说明。功能指令也随机型不同而有所不同。某些机型并不是所有指令都支持。在该栏中，凡标有●点的机型均支持该指令，而不标有●号，则说明该机型不支持该指令（即没有这个指令），在应用时必须注意。

4. 影响标志

所谓标志是 PLC 中设置的特殊软元件 M，一般叫标志位。该栏目表明功能指令执行结果会影响标志位，或某些标志位对功能指令执行的影响。

关于标志位的知识将在后面介绍。

5. 指令应用格式

图 3-6 为指令在梯形图中的应用格式。

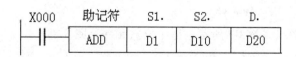

图 3-6　指令应用格式

其中 X000 为指令的驱动条件，在应用时，仅当驱动条件成立时（X000=ON），功能指令才能执行操作功能，驱动条件可以如图 3-6 所示为控制位元件，也可以是一系列控制元件的逻辑组合等。

助记符栏表示了指令的功能编号和助记符。在编程软件中，输入和显示均为助记符，无需功能编号。

助记符后面各栏表示指令的操作数。功能指令的操作数远比基本指令复杂，它分为源址、终址（目标）和操作量三种，分别解读如下：

源址 S：参与功能操作的数的地址，也叫源操作数。它的内容在指令执行时不会改变的。当功能指令的源址较多时，以 S、S1、S2…表示。如果该地址可以利用变址寻址方式改变源地址，则在 S 后面加"·"表示。

终址 D：又叫目标地址，也叫目标操作数。它是参与操作的源操作数（源址）经过功能操作后所得到的操作结果存放地址。当终址较多时，用 D、D1、D2…表示。终址内容是随源址内容的变化而变化的。

操作量 m、n：在指令中，它既不是源址，也不是终址。仅表示源址和终址的操作数量或操作位置。M、n 在应用中，以常数 K、H 表示。

在以后的功能指令学习过程中，就会发现，功能指令的源址、终址和操作量的变化是丰富多彩的。有些指令无操作数（例如 IRET，WDT），有些指令没有源址，只有终址（例如 XCH）。当然，大部分指令是源址、终址具备的。

6. 适用软元件

适用软元件是指源址、终址可采用 PLC 的位元件和字元件。在图 3-2 中，适用范围表示适用软元件。相关字软元件说明见表 3-1。

表 3-1　适用软元件说明

符号	表示内容	符号	表示内容	符号	表示内容	符号	表示内容	符号	表示内容
K	十进制数	KnX	组合位元件 X	KnM	组合位元件 M	T	定时器当前值	D	数据寄存器
H	十六进制数	KnY	组合位元件 Y	KnS	组合位元件 S	C	计数器当前值	V、Z	变址寄存器

三、传送与比较指令

FX$_{2N}$ 系列 PLC 有八条数据传送指令、3 条数据比较指令及一些触点形比较指令，这里只介绍常用的几条指令 CMP 和 MOV 指令。

1. 传送指令（MOV）

（1）使用格式及适用位软元件。

传送指令的使用格式如图 3-7 所示，适用位软元件见图 3-8。

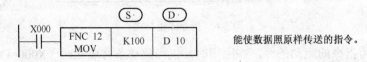

图 3-7　使用格式

（2）传送指令应用举例。

1）定时器、计数器的设定值也可用传送指令（MOV）间接设定，如图 3-9 所示。把定时器 T1 的设定值设定为 K200。

2）定时器、计数器的当前值直接传送的格式如图 3-10 所示。当 X3 闭合时，T3 的当前值为 D0 的数值。

适用软元件
字软元件
K,H
KnH
KnY
KnM
KnS
T
C
D
V,Z
S·
D·
位软元件
X
Y
M
S

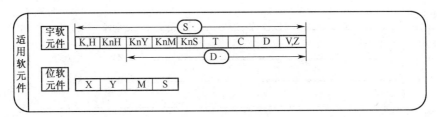

图 3-8　适用软元件

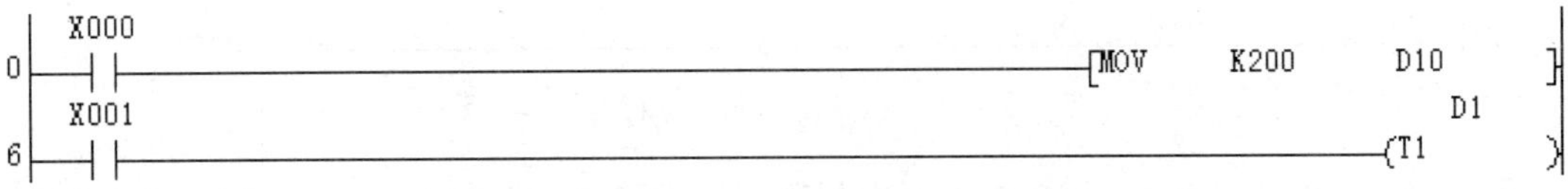

X000
0
MOV
K200
D10
X001
6
D1
T1

图 3-9　用 MOV 指令为定时器设定设定值

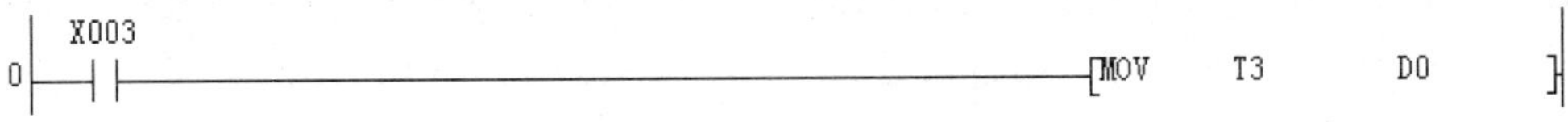

X003
0
MOV
T3
D0

图 3-10　定时器当前值的直接传送

3）回路的传送也可以用 MOV 指令来完成，如图 3-11 所示。

图 3-11 的功能是 X0=ON，则 Y0=ON，X0=OFF，则 Y0=OFF；X1=ON，则 Y1=ON，X1=OFF，则 Y1=OFF；X2=ON，则 Y2=ON，X2=OFF，则 Y2=OFF；X3ON，则 Y3=ON，X3=OFF，则 Y3=OFF。

X002
0
MOV K0
D0
M8000
6
INCP
D0
X000
10
DEC0
D0
M0
K3
M0
19
Y001
M1
21
Y002
M2
23
Y003
M3
25
RST
D0
X001
29
MOV K0
KIM0
35
END

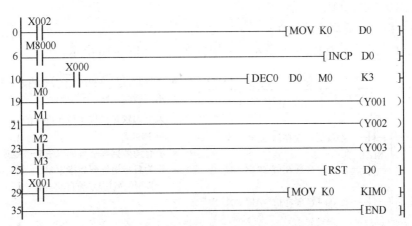

图 3-11　用 MOV 指令完成回路的传送

此功能也可以通过 MOV 指令来实现，如图 3-12 所示。

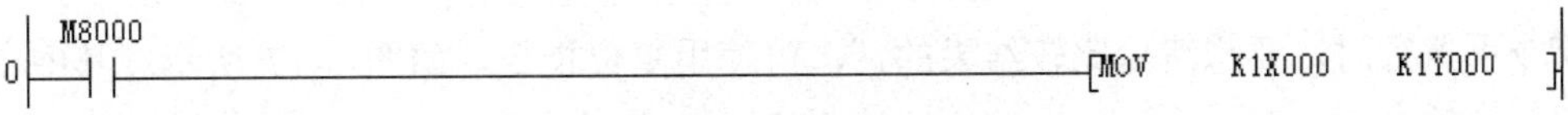

M8000
0
MOV
K1X000
K1Y000

图 3-12　位组合元件的传送

4）用变址寄存器和传送指令设计一个频率可改变的闪光灯电路。

用 4 个开关来构成一个闪光信号灯，改变输入口所接置数开关可改变闪光频率，程序图 3-13 所示。

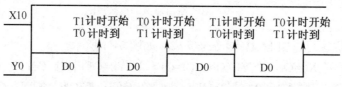

图 3-13　频率可变的闪光灯程序

程序解读：PLC 一上电 M8002 将十进制数 0 传送到 Z0 当中，X10=ON 时，将位组合元件 K1X0（X3X2X1X0）的数值传送到 Z0 当中。如 X3X2X1X0=0101（换算成十进制为 K5）时，MOV K1X0 Z0 指令将 5 传送到 Z0 当中，Z0=5，指令 MOV K8Z0 D0 将 K8Z0（K8Z0=K(8+Z0)=K(8+5)=K13）传送到 D0 当中。时钟信号的产生可以通过图 3-14 加以说明。

图 3-14　时钟信号产生示意图

2. 比较指令（CMP）

（1）使用格式及适用位软元件。

比较指令的使用图式如图 3-15 所示，适用位软元件如图 3-16 所示。

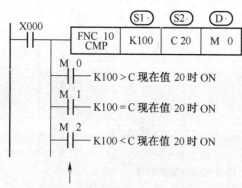

- 比较源，$(S1\cdot)$ 和源 $(S2\cdot)$ 的内容，其大小一致时，则 $(D\cdot)$ 动作。
大小比较是按代数形式进行的。
（-10<2）
- 所有源数据都被看成二进制值处理。
- 作为目标地址假如指定 M0，如左记一样 M0、M1、M2 被自动占有。

X000 = OFF 即使不执行 CMP 指令，M0～M2 仍保持了 X000 OFF 之前的状态。

图 3-15　比较指令使用格式

指令不执行时，要想清除比较结果的话，可使用复位指令，如图 3-17 所示。其中 ZRST 为区间复位指令。

（2）比较指令应用举例。

用比较指令构成密码锁系统。密码锁有 12 个按钮，分别接入 X0～X13，其中 X0～X3 代表第一个十六进制数；X4～X7 代表第二个十六进制数；X10～X13 代表第三个十六进制数。根据设计，每次同时按四个键，分别代表三个十六进制数，共按 4 次，如与密码锁设定值都相符合，3s 后，锁可开启，且 10s 后，重新锁定。密码锁的密码由程序设定。假设为 H2A4、H2A4、H1E、H151、H18A，从 K3X0 上送入数据应分别和它们相等，这可用比较指令实现判断，程序如图 3-18 示。

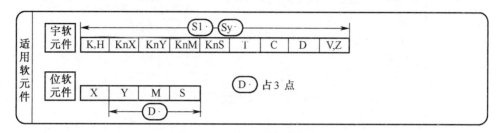

图 3-16　适用位软元件

图 3-17　比较结果的清除

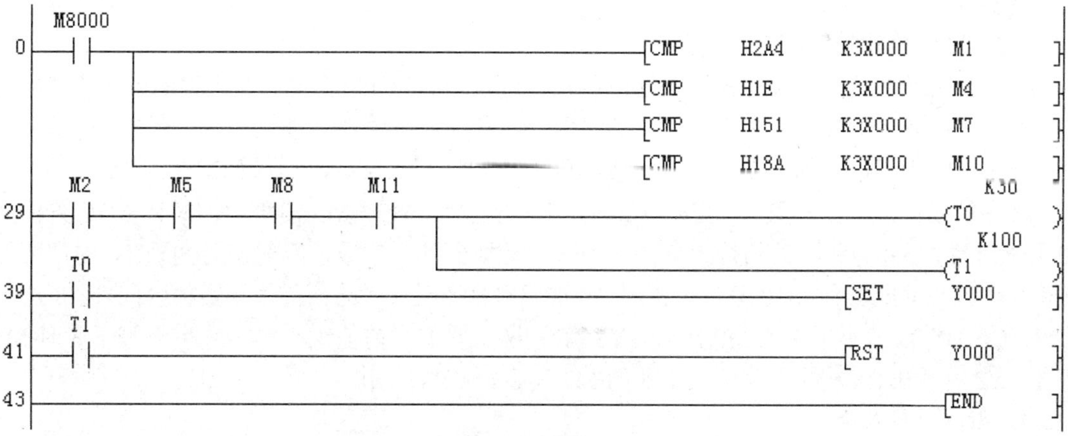

图 3-18　密码锁程序图

程序解读：只有 PLC 处于运行状态将位组合元件 K3X0（X13X12……X10X8X7……X0）的 12 个输入量的状态分别与 H2A4、H01E、H18A、H151 进行比较，均相等时，相应的 M2、M5、M8、M11 置 1，延时 3s 开锁，延时 10s 重新锁定。

3. 区间比较指令（ZCP）

（1）使用格式及适用位软元件。

区间比较指令的使用格式如图 3-19 所示，适用软元件如图 3-20 所示。

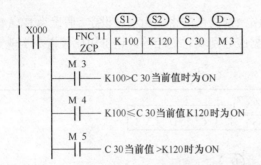

是相对 2 点的设定值进行大小比较的指令。

- 源 (S1·) 的内容不得大于源 (S2·) 的内容，例如：当 (S1·)=K100 (S2·)=K90 时，把 (S2·) 当成 K100 进行计算。

图 3-19　指令的使用格式

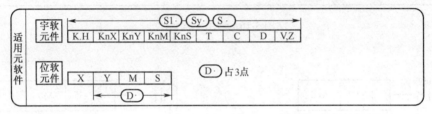

图 3-20　适用位软元件

区间比较指令的动作情况可以用图 3-21 图加以说明。

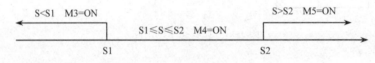

图 3-21　区间比较指令动作示意图

（2）区间比较指令应用举例。

某一射击游戏机，当参与者投入硬币后开始进行 10s 的计时游戏，在限定的时间内，参与者每射中 3 次以下的 Y1 输出；击中 3～8 次的 Y2 输出；击中 8 次以上的 Y3 输出。这是一个数与一个区间进行比较的典型例子，可以用区间比较指令来实现，程序如图 3-22 所示。

程序解读：X0 为投币口，投入硬币时，对计数器和 M0～M3 清零，同时让 M10 置位和 T0 开始计数，X2 为靶心处的传感器，射中一次计数器计一次数，当射击时间到 T0 的常闭触点断开，时间继电器和 M10 复位，同时 T0 的常开触点让 C0 的当前值与数值区间 3～8 进行比较，C0 的当前值小于 3 的 M0 闭合，Y1 有输出；C0 的当前值大于等于 3 小于等于 8 时 M1 闭合，Y2 有输出；C0 的当前值大于 8 的 M2 闭合，Y3 有输出。

4. 触点比较指令

触点比较指令实质上是一个触点，影响这个触点动作的不是位元件输入（X）或位元件的线圈（Y，M，S），而是指令中两个字元件 S1 和 S2 相比较的结果。如果比较条件成立则该触点动作，条件不成立，触点不动作。

触点比较指令有三种形式：起始触点比较指令、串接触点比较指令和并接触点比较指令。每种形式可以有 6 种比较方式：=（等于）、<>（不等于）、<（小于）、>（大于）、<=（小于等于）和>=（大于等于）。指令的源址 S1 和 S2 必须是字元件。

和比较指令 CMP 相比，触点指令在功能上完全可以代替 CMP 指令，而且运用应用远比 CMP 指令直观、简单。故在此就不作专门的介绍了，有兴趣的读者可以参阅 FX$_{2N}$ 编程手册。

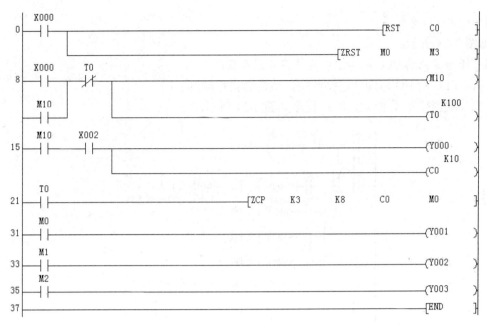

图 3-22　射击游戏程序

任务实施——传送指令和比较功能指令的应用

1. 任务实施的内容

运料小车多工位控制示意图如图 3-23 所示。

生产线上有 4 个工位，每个工位上有 1 个呼叫按钮和 1 个行程开关。生产线上的任何一个工位通过呼叫按钮呼叫后，小车运动到该工位后压下行程开关自动停下来。

生产线的启动按钮 SB5，停止按钮 SB6，按下启动按钮后，小车才可以启动，按下停止按钮后，小车马上停止。

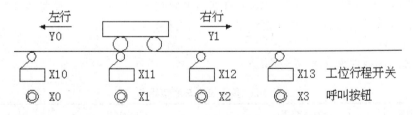

图 3-23　多工位小车运行示意图

参考程序如图 3-24 所示。

程序分析：程序中，小车停在工位时，呼叫有效，当呼叫的数值 D0 与工位的数值 D1 进行比较，如呼叫数值 D0 大于工位数值，则 M0=1，小车右行；如呼叫数值 D0 小于工位数值，则 M2=1，小车左行；相等时，无输出，小车不动。

2. 任务实施要求

（1）掌握传送指令和比较功能指令的使用。

（2）掌握传送指令和比较指令的应用场合。

3. 设备、器材及仪表

个人 PC 机 1 台、三菱 FX$_{2N}$-48MR PLC 1 台、连接电缆 1 根、操作板 1 块、万用表 1 个。

4. 确定 I/O 分配表

如图 3-23 所示。

5. 任务实施的 PLC 的 I/O 口硬件连接图及程序

（1）PLC 的 I/O 口硬件连接图略，请读者自行绘制。

（2）根据控制要求编出 PLC 程序如图 3-24 所示。

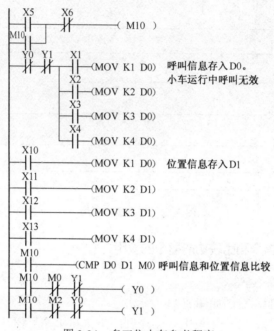

图 3-24 多工位小车参考程序

6. 任务实施步骤

（1）在 PC 机启动三菱 GX Developer 编程软件，新建工程，进入编程环境。

（2）将图 3-24 所示的程序输入电脑，转换后下载到 PLC，试运行，看是否达到控制要求。

（3）关电，拆线、收拾工具并整理桌面。

7. 考核标准

本项任务的评分标准如表 3-2 所示。

表 3-2 多工位小车考核标准

序号	考核内容	考核要求	评价标准	配分	扣分	得分
1	方案设计	根据控制要求，画出 I/O 分配表，用比较和传送指令控制程序，画出 PLC 的 I/O 接线图	I/O 地址分配错误或遗漏，每处扣 1 分 I/O 接线图错误，每处扣 5 分。	20		
2	安装与接线	按 PLC 的外部接线在操作板上正确接线，要求接线正确、紧固、美观	接线不紧固每根扣 2 分 不按图接线每处扣 2 分	20		
3	程序输入与调试	学会编程软件的功能指令的输入，能正确将程序下载到 PLC 并按动作要求进行模拟调试，达到控制要求	电脑操作不熟练，扣 2 分 不会功能指令输入扣 2 分 第一次试车不成功扣 5 分，第二次试车不成功扣 10 分，第三次试车不成功扣 20 分	50		

续表

序号	考核内容	考核要求	评价标准	配分	扣分	得分
4	安全与文明生产	遵守国家相关专业安全文明生产规程，遵守学校纪律、学习态度端正	不遵守教学场所规章制度，扣2分 出现重大事故或人为损坏设备，扣10分	10		
5	备注	电气元件均采用国家统一规定的图形符号和文字符号	由教师或指定学生代表负责依据评分标准评定	合 计 100分		
小组成员签名						
教师签名						

工作任务2 循环灯与步进电机脉冲控制

能力目标

能够分析一般的 PLC 控制系统；能够根据控制要求，熟练应用功能指令编写出简明、正确的控制程序。

知识目标

掌握 FX$_{2N}$ 系列 PLC 中位软元件及字软元件的用法；掌握移位与循环移位指令的基本格式；掌握移位与循环移位指令的作用与用法。

相关知识

循环与移位类指令

循环与移位指令是使位数据或字数据向指定方向循环、移位的指令。从指令的功能来说，循环移位是指数据在本字节或双字内的移动，是一种环形移动。而非循环移位是线性的移位，数据移出部分丢失，移入部分从其他数据获得。

1. 循环左移位指令（ROL）与循环右移位指令（ROR）

（1）使用格式及适用软元件。

循环左移位指令与循环右移位指令的格式如图 3-25 所示，适用软元件如图 3-26 所示，循环过程如图 3-27 所示。

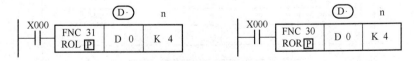

图 3-25 循环移位使用格式

由于循环左移位指令与循环右移位指令是使用 16 位或 32 位数据进行的，故在指定位元件的场合下，K4（16 位指令）或 K8（32 位指令）有效。

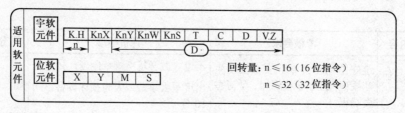

图 3-26　适用软元件

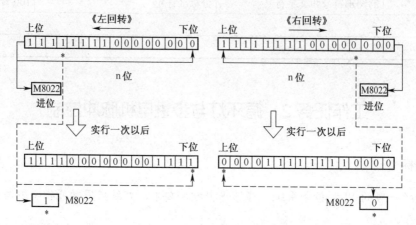

图 3-27　循环过程示意图

（2）循环左移位指令与循环右移位指令应用举例。

用循环左移位指令与循环右移位指令进行流水灯控制。某灯光招牌有 L1～L8 个灯接于 K2Y0，要求当 X0 为 ON 时，灯先以正序每隔 1s 轮流点亮，当 Y7 亮后，停 2s；然后以反序每隔 1s 轮流点亮，当 Y0 再亮后，停 2s，重复上述过程。当 X1 为 ON 时，停止工作。

程序解读：按下启动按钮 X0，把 1 传送到位组合元件 K2Y0 当中，把 Y0 置 1，为了保证 Y0 亮够 1s，引进了一个定时器 T0。按下停止按钮 X1 时，不仅要停掉循环右移也要停掉循环左移，故需把停止按钮 X1 常闭触点串联在循环右移和循环左移的支路中。同时停止的时候还需要复位所有的输出与内部辅助继电器，以便为下一次启动作好准备，程序如图 3-28 所示。

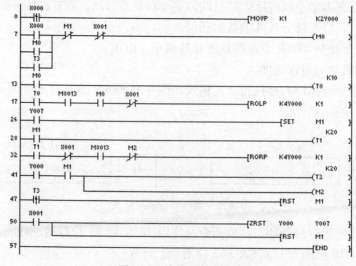

图 3-28　流水灯控制程序

2. 位右移（SFTR）及位左移（SFTL）指令

（1）使用格式及适用软元件。

位右移及位左移指令的格式如图 3-29 所示，适用软元件如图 3-30 所示。

位右移或左移的功能：对 n1 位（移动寄存器的长度）的位元件进行 n2 位右移或左移。

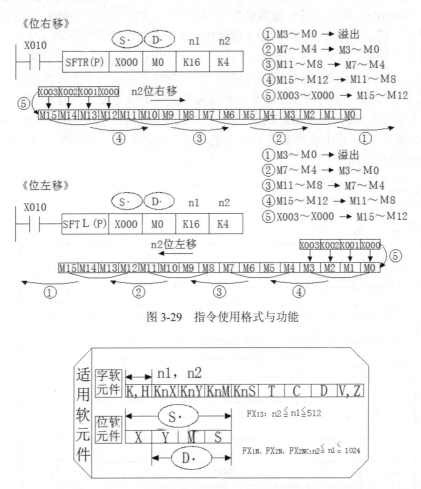

图 3-29 指令使用格式与功能

图 3-30 适用软元件

（2）位右移及位左移指令应用举例。

用位右移及位左移指令实现对三相双三拍步进电机正反转控制。脉冲序列由 Y10～Y12（晶体管输出）送出，作为步进电机驱动电源功放电路的输入。X0 为正转切换开关（X0 为 OFF 时，正转；X0 为 ON 时，反转），X1 为停止按钮，X2 为启动按钮，X3 为减速按钮，X4 为增速按钮，程序如图 3-31 所示。

程序解读：PLC 开机瞬间，将十进制 500 传入到 D0 中去，按下启动按钮 X2，T0 开始计时，计到设定时间 D0 时，T0 常闭触点断开，常开触点闭合，常开触点闭合为循环左移提供了第一个移位脉冲，同时也让 M0=1，从而 M0=1 参与移位，使得 Y12Y11Y10=001，随着 T0 常闭触点断开，常开触点闭合，T0 重新开始计时，计时时间到，T0 常闭触点断开，常开触点闭合，常开触点闭合为循环左移提供了第二个移位脉冲，第二次移位的结果为 Y12Y11Y10=011，Y12Y11Y10=011 使得 M0=0，随着 T0 再次常闭触点断开，常开触点闭合，

T0 又重新开始计时，计时时间到，T0 常闭触点断开，常开触点闭合，常开触点闭合为循环左移提供了第三个移位脉冲，第三次 M0=0 参与移位，移位的结果为 Y12Y11Y10=110，从而使 M0=1，随着 T0 常闭触点断开，T0 又重新开始计时，计时时间到，T0 常闭触点断开，常开触点闭合，常开触点闭合为循环左移提供了第四个移位脉冲，M0=1 参与移位，第四次移位的结果为 Y12Y11Y10=101，第五次移位的结果为 Y12Y11Y10=011，同时 M0=0，时间到，M0=0 参与第六次移位，移位的结果为 Y12Y11Y10=110，从而在 T0 的作用下形成 011、110、101 的三拍循环脉冲。同理，循环右移也会形成 110、011、101 的三拍循环脉冲。从而控制了步进电机的正反转。长按 X3 或 X4 可以增加或减小 D0 的数值，减少或增加脉冲数量，从而达到电机减速与增速的目的。T1 为限制加速和减速过量用。M8012 是一个 0.1s 的时钟脉冲，所以在 48 秒的时间内最多 D0 只能增加或减少 48，从而 T0 的计时时间最少为 2（50-48=2），最多为 98（50+48=98），即步进电机最多长 9.8s 切换电源一次，最短 0.2s 切换电源一次，这就是步进电机的转速变化范围。

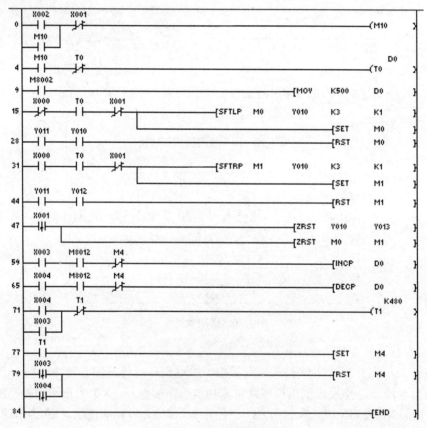

图 3-31　步进电机控制程序

任务实施——循环灯的移位指令控制

1. 任务实施的内容

（1）循环灯的控制。

有 10 盏灯，要求从左到右依次点亮，全部点亮后，又从右到左依次熄灭，直至全部熄灭后，又重新开始，如此循环。

（2）步进电机脉冲控制。

图 3-32 所示为三相步进电机双三拍工作电压波形时序图。其正转通电顺序为 AB→BC→CA→AB，用脉冲位左移指令 SFTLP 可以实现。反转通电顺序为 AB→CA→BC→AB，用脉冲位右移指令 SFTRP 可以实现。

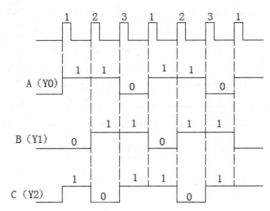

图 3-32 三相双三拍步进电机工作电压波形图

2. 任务实施要求

（1）掌握移位指令的使用。

（2）掌握移位指令的应用场合。

3. 设备、器材及仪表

个人 PC 机 1 台、三菱 FX$_{2N}$-48MR PLC 1 台、连接电缆 1 根、操作板 1 块、万用表 1 个。

4. 确定 I/O 分配表

请自行确定。

5. 任务实施的 PLC 的 I/O 口硬件连接图及程序

（1）PLC 的 I/O 口硬件连接图略，请读者自行绘制。

（2）根据控制要求编出 PLC 程序。

1）循环灯参考程序如图 3-33 所示。

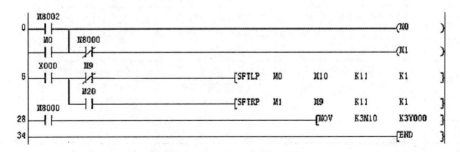

图 3-33 循环灯控制参考程序

2）三相双三拍步进电机参考程序如图 3-34 所示。

6. 任务实施步骤

（1）在 PC 机启动三菱 GX Developer 编程软件，新建工程，进入编程环境。

（2）分别将图 3-33 和 3-34 的程序输入电脑，转换后，下载到 PLC，试运行，看是否达到控制要求。

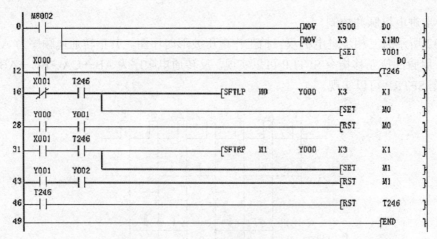

图 3-34　三相双三拍步进电机参考程序

7. 考核标准

本项任务的评分标准如表 3-3 所示。

表 3-3　循环灯与步进电机脉冲控制考核标准

序号	考核内容	考核要求	评价标准	配分	扣分	得分
1	方案设计	根据控制要求,画出 I/O 分配表,用比较和传送指令控制程序,画出 PLC 的 I/O 接线图	I/O 地址分配错误或遗漏,每处扣 1 分 I/O 接线图错误,每处扣 5 分	20		
2	安装与接线	按 PLC 的外部接线在操作板上正确接线,要求接线正确、紧固、美观	接线不紧固每根扣 2 分 不按图接线每处扣 2 分	20		
3	程序输入与调试	学会编程软件的移位指令的输入,能正确将程序下载到 PLC 并按动作要求进行模拟调试,达到控制要求	不熟练操作电脑,扣 2 分 不会程序输入扣 2 分 第一次试车不成功扣 5 分,第二次试车不成功扣 10 分,第三次试车不成功扣 20 分	50		
4	安全与文明生产	遵守国家相关专业安全文明生产规程,遵守学校纪律、学习态度端正	不遵守教学场所规章制度,扣 2 分 出现重大事故或人为损坏设备,扣 10 分	10		
5	备注	电气元件均采用国家统一规定的图形符号和文字符号	由教师或指定学生代表负责依据评分标准评定	合 计 100 分		
小组成员签名						
教师签名						

工作任务 3　单按钮控制三台电机的启停与多工位运料小车的控制

能力目标

能够分析一般的 PLC 控制系统;能够根据控制要求,熟练应用功能指令编写出简明、正确的控制程序。

知识目标

掌握 FX$_{2N}$ 系列 PLC 中位软元件及字软元件的用法；掌握解码指令和编码指令的基本格式；掌握解码指令和编码指令的作用与用法。

相关知识

数据处理类指令

1. 解码指令（DECO）

（1）使用格式及适用软元件。

解码指令相当于数字电路中的译码电路。指令的格式如图 3-35（a）及图 3-35（b）所示，适用软元件如图 3-36 所示。

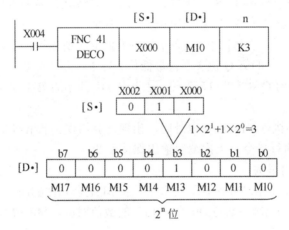

（a）位元件的解码指令使用格式

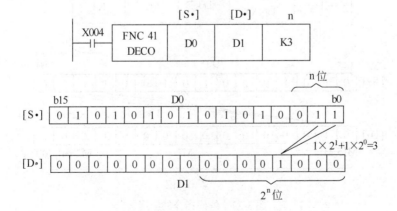

（b）字元件的解码指令使用格式

图 3-35 指令格式

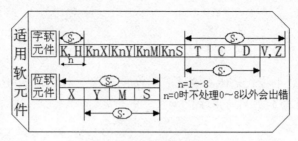

图 3-36　适用软元件

解码指令的使用说明如下。

1）当[D·]是位元件时，以源[S·]为首地址的 n 位连续的位元件所表示的十进制码值 Q，DECO 指令把以[D·]为首地址的目标元件的第 Q 位（不含目标元件本身）置 1，其他位置 0。说明如图 3-35（1）所示，源数据的十进制码值 $Q=1\times2^0+1\times2^1=3$，因此从 M11 开始的第 3 位 M13 为 1。当源数据 Q 为 0，则第 0 位（即 M10）为 1。

若 n=0 时，程序不执行；n=0～8 以外的数时，出现运算错误。若 n=8 时，[D·]位数为 $2^8=256$。驱动输入 OFF 时，不执行指令，上次编码输出保持不变。

2）当[D·]是字元件时，以源[S·]所指令字元件的低 n 位所表示的十进制码为 Q，DECO 指令以[D·]所指定目标字元件的第 Q 位（不含最低位）置 1，其他位置 0。说明如图 3-35（b）所示，源数据的十进制码值 $Q=1\times2^0+1\times2^1=3$，因此从 D1 开始的第 3 位为 1。当源数据 Q 为 0，则第 0 位为 1。

若 n=0 时，程序不执行；n=0～4 以外时，出现运算错误。若 n=4 时，[D·]位数为 $2^4=16$。驱动输入 OFF 时，不执行指令，上次编码输出保持不变。

（2）解码指令应用举例。

1）如图 3-37 所示，根据 D0 所存储的数值，将 M 组合元件的同一地址号接通。在 D0 中存储 0～15 的数值。取 n=K4，则与 D0（0～15）的数值对应，M0～M15 有相应 1 点接通。

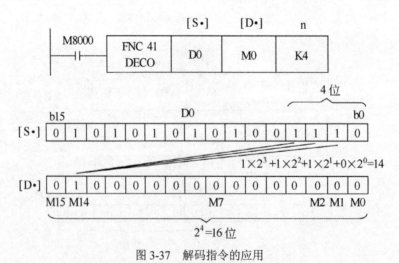

图 3-37　解码指令的应用

2）用解码指令来控制一个三相六拍步进电机脉冲系列，脉冲系列如图 3-38 所示。梯形图程序如图 3-39 所示。

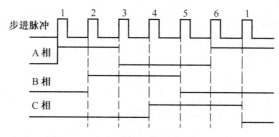

图 3-38 三相六拍步进电机脉冲序列

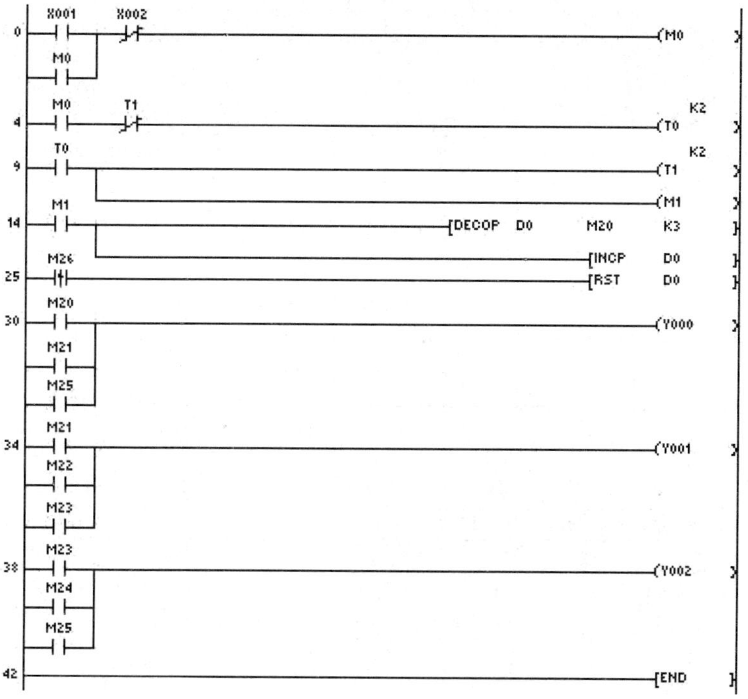

图 3-39 用 DECO 指令控制的三相六拍步进电机梯形图

程序解读：从图 3-38 中可得出三相六拍步进电机的通电方式为：A→AB→B→BC→C→CA→A。程序中 Y0、Y1、Y2 是脉冲输出端口，程序中用 T0 和 T1 构成一个振荡电路，DECO 指令起着指定输出的功能。当第一个脉冲来到时，D0=0，M20 输出；同时 D0 加 1 变 D0=1。第二个脉冲来到就变为 M21 输出，同时 D0 加 1 变成 D0=2，依此类推，第 3、4、5、6 个脉冲输出为 M22、M23、M24、M25，输出到第 7 个脉冲时，M26 输出复位 D0，一个新的周期脉冲开始。

3. 编码指令（ENCO）

（1）使用格式及适用软元件。

编码码指令相当于数字电路中的编码电路，它的功能与解码指令相反。它把源址中置 1 的位元件位置值变成 8421BCD 码送到目标地址中。指令的格式如图 3-40（a）及图 3-40（b）所示，适用软元件如图 3-41 所示。

编码指令使用说明如下：

1）当[S·]是位元件时，以源[S·]为首地址、长度为 2^n 的位元件中，最高位 1 的位置被存放在目标[D·]所指定的元件中去，[D·]中数值的范围由 n 确定。说明如图 3-40（a）所示，源元

件的长度为 $2^n=2^3=8$ 位 M10~M17，其最高位置 1 位是 M13，即第 3 位。将"3"位置数（二进制）存放到 D10 的低 3 位中。

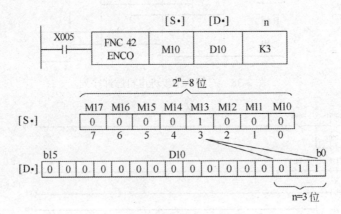

（a）位元件编码指令使用格式

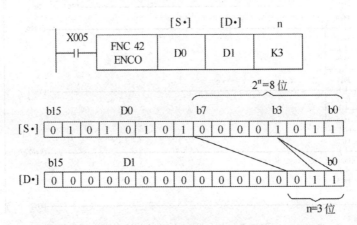

（b）字元件编码指令使用格式

图 3-40　指令格式

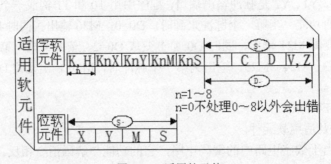

图 3-41　适用软元件

当源操作数的第一个（即第 0 位）位元件为 1，则[D·]中存放 0。当源操作数中无 1，出现操作错误。

若 n=0 时，程序不执行；n=1~8 以外时，出现运算错误。若 n=8 时，[S·]位数为 $2^8=256$。驱动输入 OFF 时，不执行指令，上次编码输出保持不变。

2）当[S·]是字元件时，在其可读长度为 2^n 位中，最高置 1 的位被存放到目标[D·]所指令的元件中去，[D·]中数值的范围由 n 确定。说明如图 3-40（b）所示，源字元件的可读长度为 $2^n=2^3=8$ 位，其最高置 1 位是第 3 位。将"3"位置数（二进制）存放到 D1 的低 3 位中。

当源操作数的第一个位元件（即第 0 位）为 1，则[D·]中存放 0。当源操作数中无 1，出现操作错误。

若 n=0 时，程序不执行；n=1~4 以外时，出现运算错误。若 n=4 时，[S·]位数为 $2^4=16$。驱动输入 OFF 时，不执行指令，上次编码输出保持不变。

（2）编码指令应用举例。

用编码指令判断信号的通断。请判断 D2 内的第 5 位 b5 是否为 1，若为 1 则绿灯 Y1 亮；若为 0 则红灯亮。

程序如图 3-42 所示。

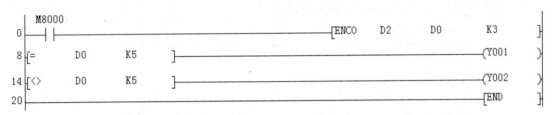

图 3-42　解码指令应用示例

程序解读：编码指令 ENCO 把 D2 中为 1 的位在 D0 中表示出来，D0=5，则 D2 中的第 5 位 b5 为 1，Y1 有输出。D0≠5 则 D2 中的第 5 位 b5 不为 1，Y2 输出。

任务实施——编码指令和解码指令的应用

1. 任务实施的内容

（1）单按钮控制三台电机的启停。

用一个按钮控制三台电机 A、B、C 的启停。要求：按一下，启动 A 电动机，又按一下，停止 A 启动 B，再按一下，停止 B 启动 C，再按 下，停止 C 启动 A，如此循环。

（2）多工位运料小车的控制。

在模块三的工作任务 1 中的任务实施中，对多工位运料小车的控制采用传送与比较指令，在这里改用编码指令进行控制。

2. 任务实施要求

（1）掌握编码指令和解码指令的使用。

（2）掌握编码指令和解码指令应用场合。

3. 设备、器材及仪表

个人 PC 机 1 台、三菱 FX$_{2N}$-48MR PLC 1 台、连接电缆 1 根、操作板 1 块、万用表 1 个。

4. 确定 I/O 分配表

请自行确定。

5. 任务实施的 PLC 的 I/O 口硬件连接图及程序

（1）PLC 的 I/O 口硬件连接图略，请读者自行绘制。

（2）根据控制要求编出 PLC 程序。

1）单按钮控制三台电机启停的参考程序如图 3-43 所示。

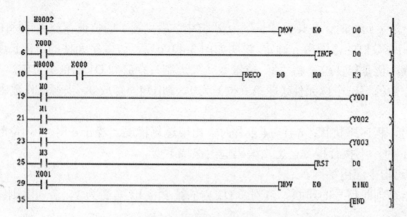

图 3-43　单按钮控制三电机启停参考程序

2）多工位运料小车的控制程序如图 3-44 所示。

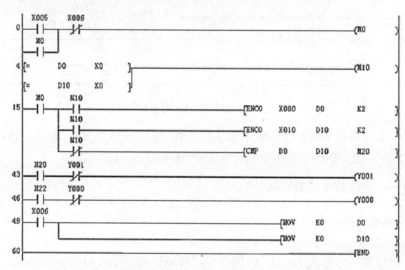

图 3-44　用编码指令控制的多工位运料小车参考程序

6. 任务实施步骤

（1）在 PC 机启动三菱 GX Developer 编程软件，新建工程，进入编程环境。

（2）分别将图 3-43 和图 3-44 的程序输入电脑，转换后，下载到 PLC，试运行，看是否达到控制要求。

7. 考核标准

本项任务的评分标准如表 3-4 所示。

表 3-4　循环灯与步进电机脉冲控制考核标准

序号	考核内容	考核要求	评价标准	配分	扣分	得分
1	方案设计	根据控制要求,画出 I/O 分配表,用比较和传送指令控制程序,画出 PLC 的 I/O 接线图	I/O 地址分配错误或遗漏,每处扣 1 分 I/O 接线图错误,每处扣 5 分	20		
2	安装与接线	按 PLC 的外部接线在操作板上正确接线,要求接线正确、紧固、美观	接线不紧固每根扣 2 分 不按图接线每处扣 2 分	20		

续表

序号	考核内容	考核要求	评价标准	配分	扣分	得分
3	程序输入与调试	学会编程软件的编码指令和解码指令的输入，能正确将程序下载到 PLC 并按动作要求进行模拟调试，达到控制要求	不会功能指令输入扣 2 分 第一次试车不成功扣 5 分，第二次试车不成功扣 10 分，第三次试车不成功扣 20 分	50		
4	安全与文明生产	遵守国家相关专业安全文明生产规程，遵守学校纪律、学习态度端正	不遵守教学场所规章制度，扣 2 分 出现重大事故或人为损坏设备，扣 10 分	10		
5	备注	电气元件均采用国家统一规定的图形符号和文字符号	由教师或指定学生代表负责依据评分标准评定	合 计 100分		
小组成员签名						
教师签名						

习题三

3-1 用 CMP 指令实现下面功能：X0 为输入脉冲，当脉冲数大于 5 时，Y1 为 ON；反之，Y0 为 ON。编写此梯形图。

3-2 说明变址寄存器 V 和 Z 的作用，当 V=10 时，说明下列符号的含义。

K20V、D5V、Y10V、K4X5V

3-3 试问如下软元件为何种类型软元件？由几位组成？

3-4 用乘除法指令实现灯组的移位点亮循环。有一组灯 15 个，接于 Y0～Y16，要求：当 X0 为 ON 时，灯正序每隔 1s 单个移位，并循环；当 X0 为 OFF 时，灯反序每隔 1s 单个移位，至 Y0 为 ON，停止。

3-5 用比较指令制作一个简易定时报时器。定时报时器要求 24 小时可设定定时时间，每 15 分钟为一设定单位。定时报时器要求作如下控制：早上 6 点半，电铃（Y0）每秒响一次，六次后自动停止；9:00～17:00，启动住宅报警系统（Y1）；晚上 6 点开园内照明（Y2）；晚上 10 点关园内照明（Y2）。

又设：X0 为起停开关；X1 为 15 分钟快速调整与试验开关；X2 为快速试验开关；时间设定值为钟点数×4。使用时，在 0:00 时启动定时器。

3-6 用传送指令与位组合元件来控制一台电动机的 Y-Δ 启动。

3-7 控制多个灯，当开关闭合时，每秒钟亮一个灯，轮流闪亮，并不断循环。要求控制闪亮的灯数在 2～16 个之间可以调节。

模块四　三菱 PLC 的程序流程控制指令

工作任务 1　三台电机的循环运行控制

能力目标

能够分析一般的 PLC 控制系统；能够根据控制要求，熟练应用程序流程指令编写出简明、正确的控制程序。

知识目标

掌握程序流程指令主控指令及主控复位指令的基本格式；掌握主控指令及主控复位指令的作用与用法。

相关知识

主控指令及主控复位指令（MC、MCR）

1. 指令作用

MC 指令称为主控指令，又名公共串联触点的连接指令，用于表示主控区的开始，该指令的操作元件为 Y、M（不包括特殊辅助继电器）。

MCR 指令称为主控复位指令，又名公共串联触点的清除指令，用于表示主控区的结束，该指令的操作元件为主控指令的使用次数 N（N0～N7）。在 MC 指令内使用 MC 指令称为嵌套，在有嵌套结构时，嵌套层数 N 的编号从 N0～N7 依次增大。在没有嵌套结构时，可再次使用 N0 编制程序，N0 的使用次数无限。

2. 指令应用举例

如图 4-1 所示为无嵌套 MC、MCR 指令的应用。当 X0 接通时，执行 MC 到 MCR 的指令，当 X0 断开时，累积定时器、计数器、用置位/复位指令驱动的软元件保持当时的状态，非累积定时器、计数器、用 OUT 指令驱动的软元件变为断开状态。

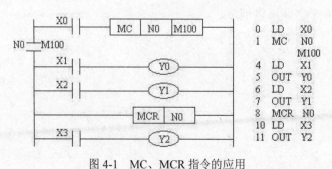

图 4-1　MC、MCR 指令的应用

在 MC 指令内采用 MC 指令时，嵌套级 N 的编号按顺序增大。在将该指令返回时，采用 MCR 指令，从套级最大的开始消除。嵌套级最多可编写 8 级（N7）。

任务实施——电机顺序启动的主控与传送指令控制

1. 任务实施的内容

（1）用主控指令控制三台电机相隔 5s 启动，各运行 10s 停止，循环往复，可随时停止。三台电机运行时序图如图 4-2 所示。

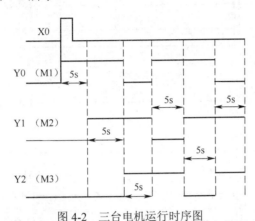

图 4-2　三台电机运行时序图

（2）用主控指令对分支程序的控制。

A 程序段为每 2 秒一次闪光输出，而 B 程序段为每 4 秒一次闪光输出。要求按钮 X0 导通时执行 A 程序段，否则执行 B 程序段。

2. 任务实施要求

（1）掌握主控和主控复位指令的使用。

（2）复习区间比较指令和传送指令的使用。

3. 设备、器材及仪表

个人 PC 机 1 台、三菱 FX$_{2N}$-48MR PLC 1 台、连接电缆 1 根、操作板 1 块，万用表 1 个。

4. 确定 I/O 分配表

请自行确定。

5. 任务实施的 PLC 的 I/O 口硬件连接图及程序

（1）PLC 的 I/O 口硬件连接图略，请读者自行绘制。

（2）根据控制要求编出 PLC 程序。

1）三台电机相隔 5s 启动，各运行 10s 停止，循环往复。可随时停止的参考程序如图 4-3 所示。

2）主控指令对 A、B 分支程序控制的程序如图 4-4 所示。

6. 任务实施步骤

（1）在 PC 机启动三菱 GX Developer 编程软件，新建工程，进入编程环境。

（2）分别将图 4-3 和 4-4 的程序输入电脑，转换后，下载到 PLC，试运行，看是否达到控制要求。

7. 考核标准

本项任务的评分标准如表 4-1 所示。

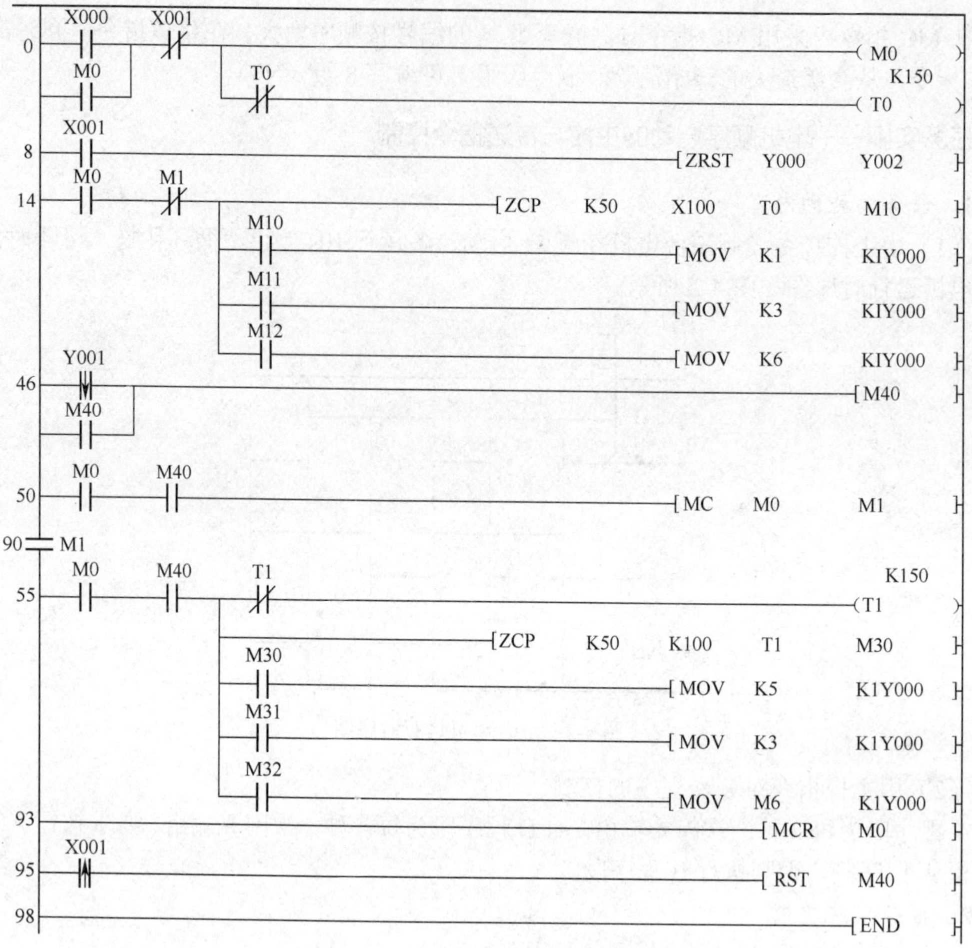

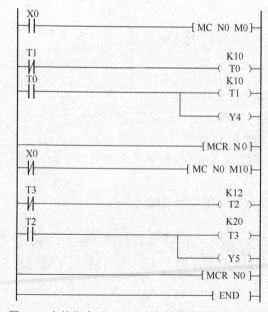

图 4-3　三台电机相隔 5s 启动参考程序

图 4-4　主控指令对 A、B 分支程序控制的参考程序

表 4-1 三台电机相隔 5s 启动与主控指令对 A、B 分支程序控制的考核标准

序号	考核内容	考核要求	评价标准	配分	扣分	得分
1	方案设计	根据控制要求,画出 I/O 分配表,用主控指令编制程序,画出 PLC 的 I/O 接线图	I/O 地址分配错误或遗漏,每处扣 1 分 I/O 接线图错误,每处扣 5 分	20		
2	安装与接线	按 PLC 的外部接线在操作板上正确接线,要求接线正确、紧固、美观	接线不紧固每根扣 2 分 不按图接线每处扣 2 分	20		
3	程序输入与调试	学会编程软件的主控指令的输入,能正确将程序下载到 PLC 并按动作要求进行模拟调试,达到控制要求	不会形成主控指令左母线上的触点,扣 10 分 第一次试车不成功扣 5 分,第二次试车不成功扣 10 分,第三次试车不成功扣 20 分	50		
4	安全与文明生产	遵守国家相关专业安全文明生产规程,遵守学校纪律、学习态度端正	不遵守教学场所规章制度,扣 2 分 出现重大事故或人为损坏设备,扣 10 分	10		
5	备注	电气元件均采用国家统一规定的图形符号和文字符号	由教师或指定学生代表负责依据评分标准评定	合计 100 分		
小组成员签名						
教师签名						

工作任务 2 跳转指令和程序流程指令应用

能力目标

能够分析一般的 PLC 控制系统;能够根据控制要求,熟练应用程序流程指令编写出简明、正确的控制程序。

知识目标

掌握程序跳转指令和程序流程指令的基本格式;掌握跳转指令和程序流程指令的作用与用法。

相关知识

一、条件跳转指令 CJ

1. 使用范例

使用范例如图 4-5 所示。

图 4-5 使用范例

图 4-5 中，X0 为跳转条件，即 X0 闭合时程序跳转到指针所在位置；X0 断开时，跳转不执行，仍按原顺序执行。指针 P 用于批示跳转的目的地，它的位置指示应放在左母线的左边，如图 4-6 所示。

图 4-6　跳转指令应用举例

图 4-6 所示程序的功能是：X0 闭合时，执行跳转指令所指位置行的程序，即 X1 闭合时，Y1 有输出。如果 X0 断开，则 X1 得电时，Y1 有输出，而且过 2s 后，Y2 也有输出。此处允许输出出现同一个线圈，图中为 4～9 步程序与 11 步不可能同时执行。

2. 使用注意事项

（1）FX$_{2N}$ 系列 PLC 有 P0～P127 共 128 个跳步指针，其中 P63 是 END 所在的步序，在程序中不要设置 P63。

（2）一个指针只能出现一次，如果出现两次以上，则会出错。

（3）如果用 M8000 的动合触点驱动 CJ 指令，则相当于无条件跳转，因为运行时 M8000 总是闭合的。

二、子程序调用与返回指令（CALL SRET）

子程序是为了一些特定的控制任务而编制的相对独立的程序。子程序调用与返回指令用于子程序的调用。

1. 使用范例

子程序调用指令由 CALL、FEND、SRET 三个应用指令组合而成。CALL 为主程序调用指令，SRET 为子程序返回指令，FEND 为主程序结束指令。在使用时，所有子程序都须放在 FEND 之后。子程序从指针 P 所在位置开始，到 SRET 结束。其程序结构如图 4-7 和图 4-8 所示。如果 X0=ON，则子程序执行，执行完成后，回到主程序，执行原来 CALL 指令的下一个地址的内容。如果原来 X0=OFF，则子程序不执行，即使子程序内的某个触点闭合，也不会执行子程序。

如图 4-9 所示为一个带子程序的 PLC 程序图。X0=ON 时，调用子程序，当 X2=ON 时，Y3 输出，过 2s，Y4 输出。后回到主程序，执行第四个指令内容，当 X1=ON 时，因为此时 Y3 的软元件已经闭合，Y1 输出，过 2s，T0 得电，因为此时 T4 的常开触点已经闭合，Y2 有输出。而如果 X0=OFF，则子程序不执行，从而导致 Y1、Y2 也无法得电输出。

2. 使用注意事项

（1）子程序的位置指针用 P0～962 及 P64～P127 表示。因为 P63 是 END 所在步序，不能作为子程序的指针。同一指针只能出现一次，CJ 指令中用过的指针在子程序中不能再用。

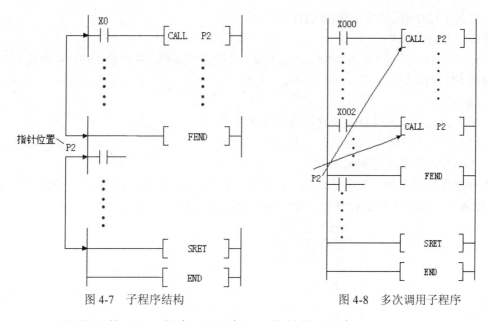

图 4-7 子程序结构　　　　　图 4-8 多次调用子程序

（2）不同位置的 CALL 指令可以调用同一指针的子程序。

（3）在子程序中调用子程序称为嵌套调用，最多可以嵌套 5 级。

图 4-9 子程序应用举例

任务实施——跳转指令与子程序调用指令的应用

1. 任务实施的内容

（1）应用跳转指令对分支程序 A 和 B 进行控制。

A 程序段为每 2 秒一次闪光输出，而 B 程序段为每 4 秒一次闪光输出。要求按钮 X0 导通时执行 A 程序段，否则执行 B 程序段。

（2）利用子程序调用指令对不同程序段的程序进行调用。

A 程序段为每 2 秒一次闪光输出，而 B 程序段为每 4 秒一次闪光输出。要求按钮 X0 导通时执行 A 程序段，否则执行 B 程序段。

2. 任务实施要求

（1）掌握跳转指令的使用。

（2）掌握子程序调用与返回指令的使用。

3. 设备、器材及仪表

个人 PC 机 1 台、三菱 FX2N-48MR PLC 1 台、连接电缆 1 根、操作板 1 块、万用表 1 个。

4. 确定 I/O 分配表

请自行确定。

5. 任务实施的 PLC 的 I/O 口硬件连接图及程序

（1）PLC 的 I/O 口硬件连接图略，请读者自行绘制。

（2）根据控制要求编出 PLC 程序。

1）A 程序段为每 2 秒一次闪光输出，而 B 程序段为每 4 秒一次闪光输出。要求按钮 X0 导通时执行 A 程序段，否则执行 B 程序段。参考程序如图 4-10 所示。

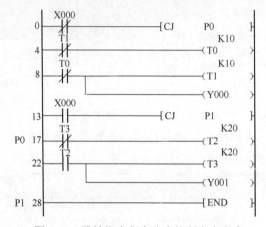

图 4-10　跳转指令程序分支控制参考程序

2）利用子程序调用指令对不同程序段的参考程序如图 4-11 所示。

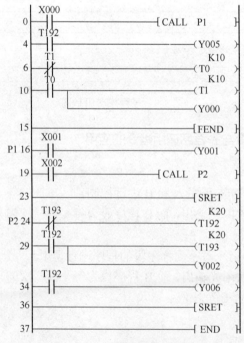

图 4-11　子程序调用参考程序

6. 任务实施步骤

（1）在 PC 机启动三菱 GX Developer 编程软件，新建工程，进入编程环境。

（2）分别将图 4-10 和图 4-11 的程序输入电脑，转换后，下载到 PLC，试运行，看是否达到控制要求。

7. 考核标准

本项任务的评分标准如表 4-2 所示。

表 4-2 跳转指令与子程序调用指令控制程序的考核标准

序号	考核内容	考核要求	评价标准	配分	扣分	得分
1	方案设计	根据控制要求，画出 I/O 分配表，用跳转、子程序调用和返回指令编制程序，画出 PLC 的 I/O 接线图	I/O 地址分配错误或遗漏，每处扣 1 分 I/O 接线图错误，每处扣 5 分	20		
2	安装与接线	按 PLC 的外部接线在操作板上正确接线，要求接线正确、紧固、美观	接线不紧固每根扣 2 分 不按图接线每处扣 2 分	20		
3	程序输入与调试	学会编程软件的跳转指令与子程序调用指令的输入，能正确将程序下载到 PLC 并按动作要求进行模拟调试，达到控制要求	电脑操作不熟练，扣 2 分 不会程序输入扣 2 分 第一次试车不成功扣 5 分，第二次试车不成功扣 10 分，第三次试车不成功扣 20 分	50		
4	安全与文明生产	遵守国家相关专业安全文明生产规程，遵守学校纪律、学习态度端正	不遵守教学场所规章制度，扣 2 分 出现重大事故或人为损坏设备，扣 10 分	10		
5	备注	电气元件均采用国家统一规定的图形符号和文字符号	由教师或指定学生代表负责依据评分标准评定	合 计 100 分		
小组成员签名						
教师签名						

知识拓展 程序循环指令和中断指令

1. 程序循环指令（FOR NEXT）

程序循环指令由 FOR 及 NEXT 两条指令构成。FOR 指令用来表示循环区的起点，NEXT 表示循环区终点。FOR 与 NEXT 之间的程序被反复执行，执行次数 N（N=1～32767）由 FOR 指令的源操作数设定，执行完后，执行 NEXT 后面的指令。

（1）使用范例。

程序循环指令的使用范例如图 4-12 所示。FOR 指令后面的 K4 表示循环执行 4 次。

（2）使用注意事项。

1）FOR 与 NEXT 指令一定要成对使用，FOR 指令应放在 NEXT 指令的前面。

2）循环程序中可再次使用循环，嵌套最多为 5 层。如图 4-13 所示，外层循环程序 A 嵌套了内循环 B，循环 A4 次。每次执行一次 A，就要执行 4 次循环 B，因此，循环 B 一共要执行 16 次。

如图 4-14 所示为一个 FOR 与 NEXT 指令嵌套使用的例子。

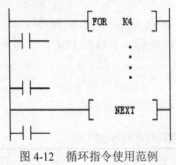

图 4-12　循环指令使用范例

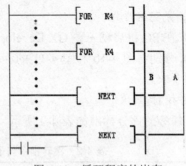

图 4-13　循环程序的嵌套

图 4-14　FOR 与 NEXT 指令嵌套使用

当 X1 接通后运行该程序，则条件跳转指令（CJ P0）起作用。跳过加 1 指令（INC D0），因此 D0=0。当 X1 断开后再运行该程序，条件跳转指令（CJ P0）不起作用，所以要执行加 1 指令（INC D0），因此 D0=100。

2. 中断指令（EI、DI、IRET）

中断：是指在主程序的执行过程中，中断主程序去执行中断子程序，执行完中断子程序后再回到刚才中断的主程序处继续执行，中断不受 PLC 扫描工作方式的影响，以使 PLC 能迅速响应中断事件。中断指令由 EI（允许中断）、DI（禁止中断）及 IRET（中断返回）三条指令构成。

中断源：能引起中断的信号，FX_{2N} 系列可编程序控制器有三类中断源，即外部中断、时间中断和高速计数器中断。本书主要分析外部中断。

编程元件—中断指针 I：中断指针 I 用来指明某一中断源的中断程序入口指针，当执行到 IRET（中断返回）指令时返回主程序。中断指针 I 应在 FEND 指令之后使用。

外部输入中断从输入端子送入，用于机外突发随机事件引起的中断。如图 4-15 所示为外部输入中断指针的含义，输入中断指针为 I□0□，最高位与 X0～X5 的元件号相对应，即输入号分别为 0～5（从 X0～X5），最低位为中断信号的形式，为 0 时表示下降沿中断，反之为上升沿中断。

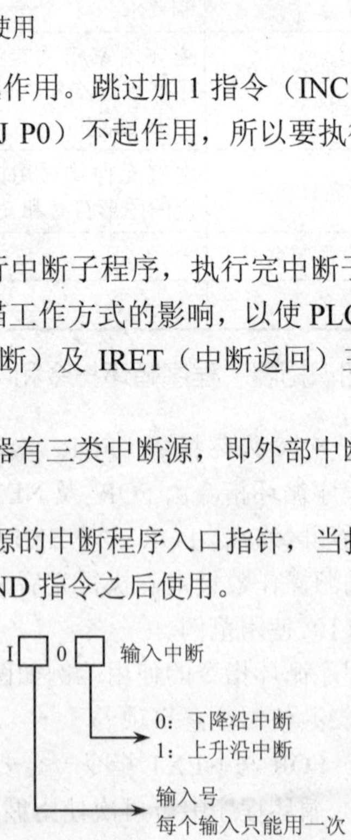

（1）使用范例。

如图 4-16 所示，允许中断范围中若中断源 X0 有一个下降沿，则转入 I000 为标号的中断服务程序，但 X0 可否引起中断还受 M8050 控制，当 X10

图 4-15　外部中断指针编号含义

有效时则 M8050 控制 X0 无法中断。特殊辅助继电器 M805△为 ON 时（△=0～8），禁止执行相应的中断 I△0□。例如，M8050 为 ON 时，禁止执行相应的中断 I000 和 I001。中断指针的编号和动作如表 4-1 所示。

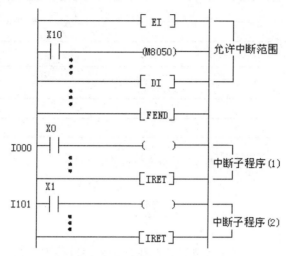

图 4-16　中断指令使用范例

表 4-3　中断指针的编号和动作表

输入编号	指针编号		禁止中断指令
	上升沿中断	下降沿中断	
X000	I001	I000	M8050
X001	I101	I100	M8051
X002	I201	I200	M8052
X003	I301	I300	M8053
X004	I401	I1400	M8054
X005	I501	I500	M8055

（2）使用注意事项。

1）PLC 通常处于禁止中断状态，由 EI 和 DI 指令组成允许中断范围。在执行到该区间，如有中断源产生中断，CPU 将暂停主程序执行转而执行中断服务程序。当遇到 IRET 时返回断点继续执行主程序。

2）中断程序从它唯一的中断指针开始，到第一条 IRET 指令结束。中断程序应放在 FEND 指令之后，IRET 指令只能在中断程序中使用。

如图 4-17 所示是一个带有外部中断子程序的例子。在主程序段中，特殊辅助继电器 M8050 为 0 时，标号为 I001 的中断子程序允许执行。该中断在输入口 X0 送入上升沿信号时执行。上升沿信号出现一次该中断执行一次。执行完毕后返回主程序。本程序执行的功能是，在 X10 没有闭合即 M8050 为 OFF 的情况下运行 PLC，这时，程序只执行 0～4 行程序，只有 Y10 闪烁输出。当中断在输入口 X0 送入上升沿信号时，执行标号为 I001 入口处至中断返回指令 IRET 之间的程序，Y0 与 Y11 均有输出。（注：中断指针 I001 程序变换后即为 I1）

图 4-17 外部中断子程序

习题四

4-1 子程序应放在程序中的什么位置？在执行子程序过程中能否再调用其他子程序？

4-2 中断子程序是如何调用的？

4-3 如果要实现无条件跳转，应如何实现？

模块五 可编程控制器的特殊功能模块

工作任务 1 模拟量输入 FX₂ₙ-4AD 模块应用

能力目标

能够对 FX₂ₙ-4AD 模块进行线路连接。能够对 FX₂ₙ-4AD 模块进行简单应用并编程。

知识目标

掌握三菱 FX₂ₙ-4AD 模块和 FX₂ₙ-4DA 模块缓冲寄存器（BFM）的定义；掌握 FX₂ₙ 系列 PLC 特殊功能模块的安装；掌握三菱 FX₂ₙPLC 与特殊功能模块之间的读/写操作。

相关知识

一、特殊功能模块的类型及使用

FX₂ₙ 系列可编程控制器的特殊功能模块种类繁多，功能齐全，是组成闭环控制系统及专用控制环节的重要单元。本模块着重介绍模拟量输入模块 FX₂ₙ-4AD、模拟量输出模块 FX₂ₙ-4DA 和可编程凸轮控制器 FX₂ₙ-1RM-SET 的基本功能，主要技术指标和应用实例，力求说明特殊功能模块的使用模式。

1. FX₂ₙ 系列 PLC 特殊功能模块的类型及用途

FX₂ₙ 系列可编程控制器为了拓宽其控制领域，开发了许多专用功能模块，使 PLC 的控制更加方便有效。

（1）模拟量输入模块。

模拟量输入模块用于接受流量、温度和压力等传感器设备送来的标准模拟量电压、电流信号，并将其转换为数字信号供 PLC 使用。FX₂ₙ 系列可编程控制器的模拟量输入模块主要包括 FX₂ₙ-4AD（4 通道模拟量输入模块），FX₂ₙ-2AD（2 通道模拟量输入模块），FX₂ₙ-4AD-PT（4 通道热电阻 PT-100 温度传感器用模拟量输入模块），FX₂ₙ-4AD-TC（4 通道热电偶 J 型和 V 型温度传感器用模拟量输入模块）等。

（2）模拟量输出模块。

模拟量输出模块用于需模拟量驱动的场合，经可编程控制器运算输出的数字量经模拟量输出模块转换为标准模拟量输出。FX₂ₙ 系列可编程控制器的模拟量输出模块主要包括 FX₂ₙ-4DA（4 通道模拟量输出模块），FX₂ₙ-2DA（2 通道模拟量输出模块）等。

（3）脉冲输出模块。

脉冲输出模块可输出脉冲串，主要用于对步进电机或伺服电机的驱动控制，实现一点或多点定位控制。与 FX₂ₙ 系列可编程控制器配套使用的脉冲输出模块有 FX₂ₙ-1PG、FX₂ₙ-10GM、FX₂ₙ-20GM。

（4）高速计数模块。

FX$_{2N}$系列可编程控制器内部设置有高速计数器，可以进行简易的定位控制。当需要更高精度的定位控制时，可使用高速计数模块 FX$_{2N}$-1HC。

高速计数模块 FX$_{2N}$-1HC 是适用于 FX$_{2N}$ 系列 PLC 的特殊功能模块。利用外部输入或 PLC 程序可以对 FX$_{2N}$-1HC 的计数器进行复位和启动运行控制。

（5）可编程凸轮控制器。

可编程凸轮控制器 FX$_{2N}$-1RM-SET，是通过旋转角度传感器 F2-720-RSV，实现高精度角度、位置检测和控制的专用功能模块，可代替凸轮开关，实现角度控制。

2. FX$_{2N}$ 系列 PLC 特殊功能模块的安装及应用

（1）模块的连接与编号。

当 PLC 与特殊功能模块连接时，数据通信是通过 FROM/TO 指令实现的。为了使 PLC 能够准确地查找到指定的功能模块，每个特殊功能模块都有一个确定的地址编号，编号的方法是从最靠近 PLC 基本单元的那一个模块开始顺序编号，最多可连接 8 台功能模块（对应的编号为 0~7 号），注意其中的扩展单元不记录在内。

如图 5-1 所示，FX$_{2N}$-48 基本单元通过扩展总线与特殊功能模块（模拟量输入模块 FX$_{2N}$-4AD、模拟量输出模块 FX$_{2N}$-4DA、温度传感器用模拟量输入模块 FX$_{2N}$-4AD-PT）连接，当各个控制连接好后，各特殊功能模块也就确定了。

| FX$_{2N}$-48MR | FX$_{2N}$-4AD | FX$_{2N}$-16EX | FX$_{2N}$-4DA | FX$_{2N}$-32ER | FX$_{2N}$-4AD-PT |

图 5-1　FX$_{2N}$-48MR 与特殊功能模块连接示意图

（2）FX$_{2N}$ 系列 PLC 与特殊功能模块之间的读/写操作。

FX$_{2N}$ 系列可编程控制器与特殊功能模块之间的通信通过 FROM/TO 指令执行。FROM 指令用于 PLC 基本单元读取特殊功能模块中的数据，TO 指令用于 PLC 基本单元将数据写到特殊功能模块中。读、写操作都是针对特殊功能模块的缓冲寄存器 BFM 进行的。

1）特殊功能模块读指令。该指令的助词符、操作数如表 5-1 所示。

表 5-1　特殊功能模块读指令要素

指令名称	助词符	操作数			
		m 1	m 2	[D·]	n
读指令	FROM	K、H m1=0~7	K、H m2=0~31	KnY、KnM、KnS、T、C、D、V、Z	K、H n=1~32

图 5-2 是 FROM 指令的使用说明。图中指令将编号为 m1 的特殊功能模块中缓冲寄存器（BFM）编号从 m2 开始的 n 个数据读入到 PLC 中，并存储于 PLC 中以 D 开始的 n 个数据寄存器内。指令所涉及的存储单元说明如下：

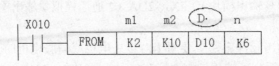

图 5-2　FROM 指令使用格式

①m1 特殊功能模块号 m1=0～7；

②m2 特殊功能模块的缓冲寄存器（BFM）首元件编号 m2=0～31；

③[D·]指定存放在 PLC 中的数据寄存器首元件号；

④n 指定特殊功能模块与 PLC 之间传送的字数，16 位操作时 n=1～32，32 位操作时 n=1～16。

2）特殊功能模块写指令。该指令的助词符、操作数如表 5-2 所示。

表 5-2　特殊功能模块写指令要素

指令名称	助词符	操作数			
		m 1	m 2	[D·]	n
读指令	TO	K、H m 1=0～7	K、H m 2=0～31	KnY、KnM、KnS、T、C、 D、V、Z、K、H	K、H n=1～32

TO 指令是将 PLC 中指定的以 S 为元件首地址的 n 个数据，写入到编号为 m1 的特殊功能模块，并存入该特殊功能模块中以 m2 为首地址的缓冲寄存器（BFM）内。T0 指令的梯形图格式如图 5-3 所示。

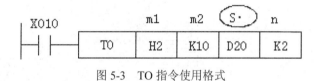

图 5-3　TO 指令使用格式

指令所涉及的存储单元说明如下：

①m1 特殊功能模块号 m1=0～7；

②m2 特殊功能模块的缓冲寄存器（BFM）首元件编号 m2=0～31；

③[S·] PLC 中指定读取数据首元件号；

④n 指定特殊功能模块与 PLC 之间传送的字数，16 位操作时 n=1～32，32 位操作时 n=1～16。

在执行 FROM/TO 指令时，FX_{2N} 用户可以立即中断，也可以等到当前 FROM/TO 指令完成后再中断。这一功能的实现是通过 M8082 来完成的，M8082=OFF 禁止中断，M8082=ON 允许中断。

二、模拟量输入模块 FX_{2N}-4AD

1. 技术指标

FX_{2N}-4AD 模拟量输入模块是 FX_{2N} 系列专用的模拟量输入模块。该模块有 4 个输入的 A/D 转换通道（CH），它可以将模拟量电压或电流转换为最大分辨率为 12 位的数字量，通过输入端子变换，可以任意选择电压或电流输入状态。电压输入时，输入信号范围为 DC-10～+10V，输入阻抗为 200kΩ，分辨率为 5mV；电流输入时，输入信号范围为 DC-20～20mA，输入阻抗为 250Ω，分辨率为 20μA。

2. FX_{2N}-4AD 模块的外部接线

FX_{2N}-4AD 通过扩展总线与 FX_{2N} 系列 PLC 基本单元连接，外部模拟量输入接线如图 5-4 所示。

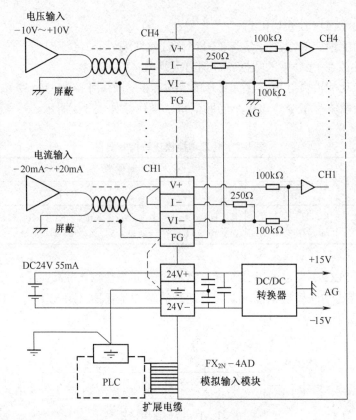

图 5-4　FX$_{2N}$-4AD 模块的外部接线连接图

关于 FX$_{2N}$-4AD 模块的外部接线连接图的几点注意事项：

（1）外部模拟量的输入通过双绞屏蔽电缆输入至如图 5-4 所示 FX$_{2N}$-4AD 的各个通道中。

（2）如果外部输入的是电压输入量，则把输入信号接到 V＋和 V－端，如果外部输入的是电流输入量，则先把 V＋和 I＋相短接，再把输入信号接到 V＋和 V－端。

（3）如果输入有电压波动或有外部电器电磁干扰影响，可以在模块的输入口加一个平滑电容（0.1～0.47μF，25V）。

（4）若存在过多干扰，应将机壳的地 FG 端与 FX$_{2N}$-4AD 的电源接地端 GND 相连。

3. FX$_{2N}$-4AD 模块的缓冲寄存器（BFM）

FX$_{2N}$-4AD 模块的内部共有 32 个缓冲寄存器，用来与 FX$_{2N}$ 基本单元进行数据交换，每一个缓冲寄存器为 16 位的 RAM。FX$_{2N}$-4AD 占用 FX$_{2N}$ 扩展总线的 8 个接点，这 8 个接点可以是输入点或输出点。

FX$_{2N}$-4AD 的 32 个缓冲寄存器的分配及定义如表 5-3 所示。数据缓冲寄存器区内容可以通过 PLC 的 FROM 和 TO 指令来读写，其中只有带*的缓冲寄存器中的数据可用 PLC 的 TO 指令改写。改写带*号的缓冲寄存器的设定值可以改变 FX$_{2N}$-4AD 模块的运行参数，可调整其输入方式、输入增益和偏移量等。不带*的缓冲寄存器的数据可用 PLC 的 FROM 指令读出其内容。

表 5-3　FX$_{2N}$-4AD 的 BFM 分配及定义

BMF 编号	内容
#0（*）	通道初始化，默认值=H0000

BMF 编号		内容
#1（*）	通道 1	包含采样数（1～4096），用于得出平均结果。默认值为 8（正常速度），高速操作可选择 1
#2（*）	通道 2	
#3（*）	通道 3	
#4（*）	通道 4	
#5	通道 1	分别用于存放通道 CH1～CH4 的平均输入采样值
#6	通道 2	
#7	通道 3	
#8	通道 4	
#9	通道 1	用于存放每个输入通道读入的当前值
#10	通道 2	
#11	通道 3	
#12	通道 4	
#13～#14	保留	
#15（*）	A/D 转换设置	设为 0 时：正常速度，15ms/通道（默认值）
		设为 1 时：高速度，6ms/通道
#16～#19	保留	
#20（*）	复位到默认值和预设值：默认值为 0；设为 1 时，所有设置值将复位默认值	
#21（*）	偏移/增益禁止调整（1，0）；默认值为（0，1），允许调整	
#22（*）	指定通道的偏置、增益调整	G4　O4　G3　O3　G2　O2　G1　O1
#23（*）	偏置值设置，默认值为 0000，单位为 mV 或 μA	
#24（*）	增益值设置，默认值为 5000，单位为 mV 或 μA	
#25～#28	保留	
#29	错误信息，表示本模块的出错类型	
#30	识别码（K2010），固定为 K2010，可用 FROM 读出识别码来确认此模块	
#31	禁用	

在使用 FX$_{2N}$-4AD 模块时，关于各缓冲寄存器 BFM 的分配注意以下几点：

（1）通道选择。

在 BFM 的 #0 中写入 4 位十六进制数 H××××，4 位数字从右至左分别控制 1、2、3、4 四个通道，每位数字取值范围为 0～3，其含义如下：

- 0 表示输入范围为 -10V～+10V
- 1 表示输入范围为 +4mA～+20mA
- 2 表示输入范围为 -20mA～+20mA
- 3 表示该通道关闭

例如 BFM#0=H3312，则表示通道 CH1 设定输入电流范围为 -20mA～+20mA，CH2 通道设定输入电流范围为 +4mA～+20mA，CH3 和 CH4 两通道关闭。

FX$_{2N}$-4AD 通道的三种预设方式下的模拟量输入和数字值输出的关系如图 5-5 所示。

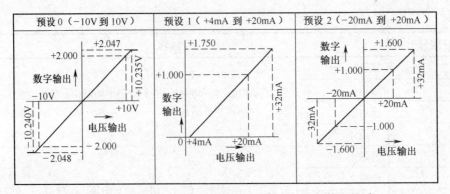

图 5-5　FX$_{2N}$-4AD 的三种预设方式的模拟输入与输出关系

（2）模拟量转换到数字量的速度设置。

可在 FX$_{2N}$-4AD 的 BFM＃15 中写入 0 或 1 来控制 A/D 转换的速度。注意，若要求高速转换，则应尽量少用 FROM 和 TO 指令。

（3）偏移量和增益值的设置。

如图 5-6 和图 5-7 所示，偏移量（截距）是当数字量输出为 0 时的模拟量输入值，增益值（斜率）是指当数字输出为+1000 时的模拟量输入值。增益和偏移可以分别或一起设置，合理的增益是-5～5V 或-20～20mA，合理的增益是 1～5V 或 4～32mA。

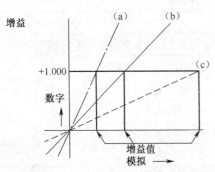

图 5-6　FX$_{2N}$-4AD 增益设置示意图

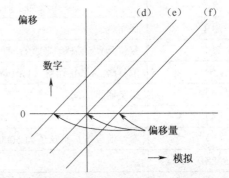

图 5-7　FX$_{2N}$-4AD 偏移量设置示意图

当 BFM＃20 被设置为 1 时，FX$_{2N}$-4AD 的全部设定值均恢复到缺省值，这样可以快速删去不希望的偏移量和增益值。

设置每个通道偏移量和增益值时，BFM＃21 的（bi，bi-1）必须设置为（0，1），若（bi，bi-1）设为（1，0），则偏移量和增益值被保护。缺省值为（0，1）。

BFM＃23 和 BFM＃24 为偏移量与增益值设定缓冲寄存器，偏移量和增益值的单位是 mV 或 μA，最小单位是 5mV 或 20μA。其值由 BFM＃22 的 Gi－Oi（增益－偏移）位状态送到指定的输入通道偏移和增益寄存器中。

例如，BFM＃22 的 G1 和 O1 位置为 1，则 BFM＃23 和 BFM＃24 的设定值送入 CH1 的偏移量和增益寄存器中。

任务实施——FX$_{2N}$-4AD 模块与 PLC 主机连接设置

1. 任务实施的内容

（1）FX$_{2N}$-4AD 模块与 PLC 基本单元连接时，数据通信的读写过程。

FX$_{2N}$-4AD 模块与 PLC 基本单元连接的位置编号设为 0 号,计算平均数的采样次数设为 4,并将由 FX$_{2N}$-4AD 模块所采样到的平均值送到 PLC 基本单元的数据寄存器 D0、D1 中。

(2)FX$_{2N}$-4AD 模块的增益和偏移量设置方法。

2. 任务实施要求

(1)掌握 FROM 指令使用格式。

(2)掌握 TO 指令使用格式。

3. 设备、器材及仪表

个人 PC 机 1 台、三菱 FX$_{2N}$-48MR PLC 1 台、连接电缆 1 根、FX$_{2N}$-4AD 模块 1 个、扩展电缆 1 根。

4. 任务实施的 PLC 与 FX$_{2N}$-4AD 模块的硬件连接图及程序

(1)PLC 与 FX$_{2N}$-4AD 模块的硬件连接图如图 5-8 所示。

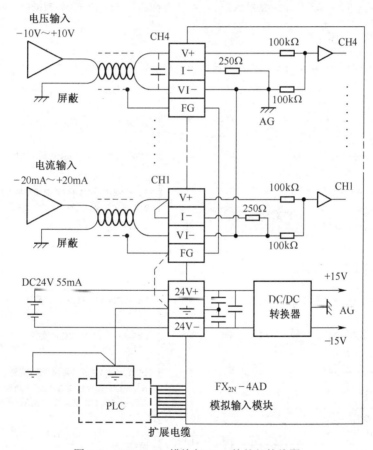

图 5-8 FX$_{2N}$-4AD 模块与 PLC 的外部接线图

(2)FX$_{2N}$-4AD 模块与 PLC 基本单元连接时,数据通信的程序,如图 5-9 所示。

(3)FX$_{2N}$-4AD 模块的增益和偏移量设置,程序如图 5-10 所示。

5. 任务实施步骤

(1)在 PC 机启动三菱 GX Developer 编程软件,新建工程,进入编程环境。

(2)分别将图 4-9 和图 4-10 的程序输入电脑,转换后,下载到 PLC,试运行,看是否达到预期的目的。

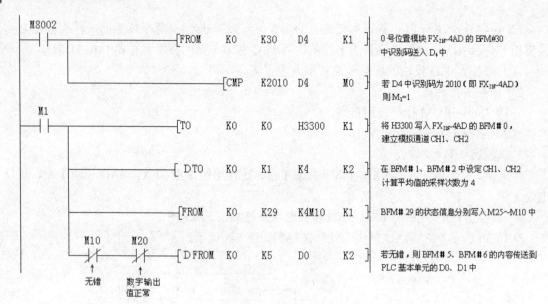

图 5-9　FX$_{2N}$-4AD 模块与 PLC 单元连接的数据通信程序

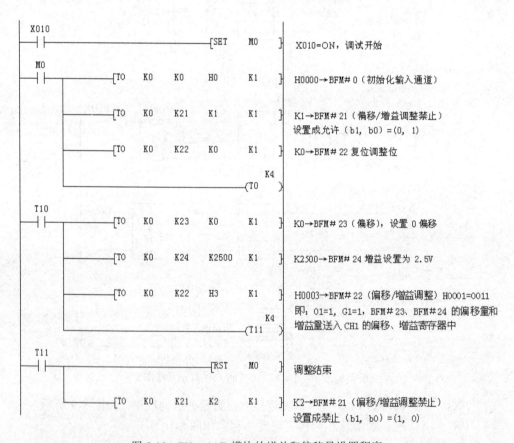

图 5-10　FX$_{2N}$-4AD 模块的增益和偏移量设置程序

6. 考核标准

本项任务的评分标准如表 5-4 所示。

表 5-4　跳转指令与子程序调用指令控制程序的考核标准

序号	考核内容	考核要求	评价标准	配分	扣分	得分
1	方案设计	根据控制要求，画出 FX_{2N}-4AD 模块与 PLC 的外部接线图	扩展电缆不会连接扣 5 分 接线图错误，每处扣 5 分	20		
2	安装与接线	按 FX_{2N}-4AD 模块与 PLC 的外部接线图正确接线，要求接线正确、紧固、美观	接线不紧固每根扣 2 分 不按图接线每处扣 2 分	20		
3	程序输入与调试	学会编程软件的特殊模块指令的输入，能正确将程序下载到 PLC 并按动作要求进行模拟调试，达到控制要求	电脑操作不熟练，扣 2 分 不会程序输入扣 2 分 第一次试车不成功扣 5 分，第二次试车不成功扣 10 分，第三次试车不成功扣 20 分	50		
4	安全与文明生产	遵守国家相关专业安全文明生产规程，遵守学校纪律、学习态度端正	不遵守教学场所规章制度，扣 2 分 出现重大事故或人为损坏设备，扣 10 分	10		
5	备注	电气元件均采用国家统一规定的图形符号和文字符号	由教师或指定学生代表负责依据评分标准评定	合　计 100 分		
小组成员签名						
教师签名						

工作任务 2　模拟量输出模块 FX_{2N}-4DA 的应用

能力目标

能够对 FX_{2N}-4DA 模块进行线路连接；能够对 FX_{2N}-4DA 模块进行简单应用并编程。

知识目标

掌握三菱 FX_{2N}-4DA 模块缓冲寄存器（BFM）的定义；掌握 FX_{2N} 系列 PLC 特殊功能模块的安装；掌握三菱 FX_{2N}PLC 与三菱 FX_{2N}-4DA 模块之间的读/写操作。

相关知识

模拟量输出模块 FX_{2N}-4DA 的应用

1. 技术指标

FX_{2N}-4DA 模拟量输出模块是 FX_{2N} 系列专用的模拟量输入模块。该模块有 4 个输出的 D/A 转换通道（CH1～CH4），数字量转换为模拟量的最大分辨率为 12 位，输出的模拟电压范围为 DC-10～+10V，分辨率为 5mV；输出电流范围为 DC0～20mA，分辨率为 20μA。FX_{2N}-4DA 占用 FX_{2N} 扩展总线 8 个接点，这 8 个接点可以是输入点或输出点。

2. FX_{2N}-4DA 模块的外部接线

FX_{2N}-4DA 模块的外部接线如图 5-11 所示。

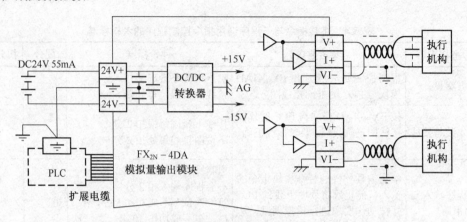

图 5-11　FX$_{2N}$-4DA 模块的外部接线示意图

关于 FX$_{2N}$-4DA 模块的外部接线连接图的几点注意事项：

（1）双绞线屏蔽电缆，应该远离干扰源；

（2）输出电缆的负载端使用单点接地；

（3）若有噪音或干扰，可以连接一个 0.1～0.47μF、25V 的平滑电容；

（4）FX$_{2N}$-4DA 模块与 PLC 基本单元的接地应接在一起；

（5）电压输出端或电流输出端不要短接；

（6）不使用的端子，不要在其上接任何单元。

3. FX$_{2N}$-4DA 模块的缓冲寄存器（BFM）

FX$_{2N}$-4DA 模块的内部共有 32 个缓冲寄存器，用来与 FX$_{2N}$基本单元进行数据交换，每一个缓冲寄存器为 16 位的 RAM。

FX$_{2N}$-4DA 的 32 个缓冲寄存器的分配及定义如表 5-5 所示。

表 5-5　FX$_{2N}$-4DA 的 BFM 分配及定义

BFM			
W	#0（E）	输出模式选择，出厂值设为 H0000	
	#1		
	#2	输出通道 CH1～CH4 的数据	
	#3		
	#4		
	#5（E）	数据保持模式，出厂值设为 H0000	
W	#6、#7	保留	
	#8（E）	CH1、CH2 的偏移/增益设定命令，初始值 H0000	
	#9（E）	CH3、CH4 的偏移/增益设定命令，初始值 H0000	
	#10	偏移数据 CH1	单位：mV 或 μA
	#11	增益数据 CH1	
	#12	偏移数据 CH2	初始偏移值：0；输出
	#13	增益数据 CH2	初始增益值：+5000；模式 0
	#14	偏移数据 CH3	

BFM		
	#15	增益数据 CH3
	#16	偏移数据 CH4
	#17	增益数据 CH4
#18、#19		保留
W	#20（E）	初始化，初始值=0
	#21（E）	禁止调整 I/O 特性（初始值：1）
BFM		内容
#22～#28		保留
#29		错误状态
#30		K3020 识别码
#31		保留

表中带 W 号的缓冲寄存器可用 TO 指令写入到 PLC 中，标有 E 号的缓冲寄存器可以写入 EEPROM 中，当电源关闭后可以保持数据缓冲寄存器中的数值。

在使用 FX$_{2N}$-4DA 模块时，关于各缓冲寄存器 BFM 的分配注意以下几点：

（1）输出模式选择。

BFM#0 为输出模式选择缓冲寄存器，在 BFM#0 中写入 4 位十六进制数 H××××，4 位数字从右至左分别控制 1、2、3、4 四个通道，每位数字取值范围为 0～2，其含义如下：

● 0 表示设置电压输出模式（-10～+10V）

● 1 表示设置电流输出模式（+4～+20mA）

● 2 表示设置电流输出模式（0～+20mA）

例如：BFM#0=H1102，则表示 CH1 设定为电流输出模式，0～+20mA；CH2 设定为电压输出模式，-10V～+10V；CH3、CH3 设定为电流输出模式，+4mA～+20mA。

（2）输出数据通道。

BFM#1～BFM#4 分别为输出数据通道 CH1～CH4 所对应的数据缓冲寄存器，其初始值均为零。

（3）BFM#5 为数据输出模式缓冲寄存器，当可编程控制器处于停止（STOP）模式，RUN 模式下的最后输出值将被保持。当 BFM#5=H0000 时，CH1～CH4 各通道输出值保持，若要复位某一通道使其成为偏移量，则应将 BFM#5 中的对应位置"1"。例如：BFM#5=H0011，则说明通道 CH3、CH4 保持，CH1、CH2 为偏移值。

（4）BFM#8、BFM#9 为偏移和增益设置允许缓冲寄存器，在 BFM#8 或#9 相应的十六进制数据位中写入"1"，就可以允许设置 CH1～CH4 的偏移量与增益值。

BFM#8（CH2、CH1）　　　　　　 BFM#9（CH4、CH3）

H　X　X　X　X　　　　　　　 H　X　X　X　X

　　G2　O2　G1　O1　　　　　　　　　G4　O4　G3　O3

X=0：不允许设置；X=1：允许设置。

（5）BFM#10～BFM#17 为偏移量/增益值设定缓冲寄存器，设定值可用 TO 指令来写入，写入数值的单位是 mV 或 μA。

（6）BFM＃20 为初始化设定缓冲寄存器，当 BFM＃20 被设置为 1 时，FX$_{2N}$-4DA 恢复到出厂设定状态。

（7）BFM＃21 为 I/O 特性调整抑制缓冲寄存器，若 BFM＃21 被设置为 2，则用户调整 I/O 特性将被禁止；若 BFM＃21 被设置为 0，I/O 特性调整将保持；缺省值为 1，即 I/O 特性允许调整。

任务实施——FX$_{2N}$-4DA 模块与 PLC 主机连接的设置

1. 任务实施的内容

（1）将 FX$_{2N}$-4DA 模块与 PLC 基本单元连接的位置编号设为 1 号，CH1、CH2 设为电压输出通道（-10～10V），CH3 设为电流输出通道（4～20mA），CH4 设为电流输出通道（0～20mA），PLC 在 STOP 状态时，输出保持，并将 PLC 基本单元的数据寄存器 D0～D3 的数值输出到 FX$_{2N}$-4DA 模块的 BFM＃1～BFM＃4 中。

（2）FX$_{2N}$-4DA 模块的 I/O 特性调整。将 FX$_{2N}$-4DA 模块与 PLC 基本单元连接的位置编号设为 1 号，CH2 设为电流输出模式 1，偏移值为 7mA，增益值变为 20mA，CH1、CH3、CH4 设为标准的电压输出模式。

2. 任务实施要求

（1）掌握 FROM 指令使用格式。

（2）掌握 TO 指令使用格式。

3. 设备、器材及仪表

个人 PC 机 1 台、三菱 FX$_{2N}$-48MR PLC 1 台、连接电缆 1 根、FX$_{2N}$-4DA 模块 1 个、扩展电缆 1 根。

4. 任务实施的 PLC 与 FX$_{2N}$-4DA 模块的硬件连接图及程序

（1）PLC 与 FX$_{2N}$-4DA 模块的硬件连接图如图 5-12 所示。

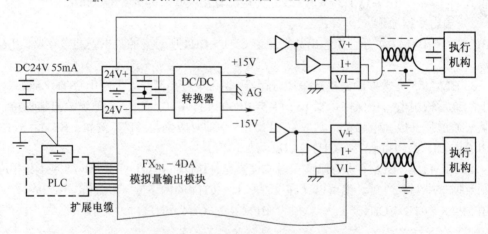

图 5-12 FX$_{2N}$-4DA 模块与 PLC 的外部接线图

（2）FX$_{2N}$-4DA 模块与 PLC 基本单元连接时，数据通信的程序如图 5-13 所示。

（3）FX$_{2N}$-4DA 模块的 I/O 特性调整程序如图 5-14 所示。

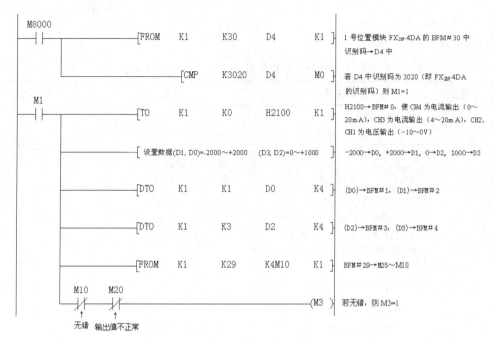

图 5-13　FX₂N-4DA 模块与 PLC 单元连接的数据通信程序

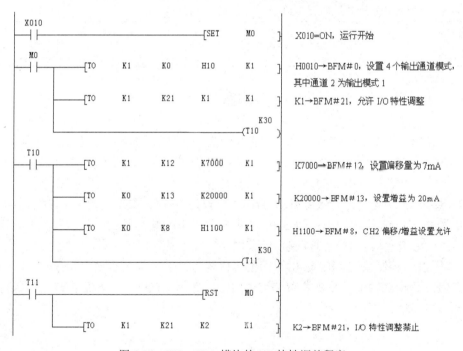

图 5-14　FX₂N-4DA 模块的 I/O 特性调整程序

5. 任务实施步骤

（1）在 PC 机启动三菱 GX Developer 编程软件，新建工程，进入编程环境。

（2）分别将图 5-13 和图 5-14 的程序输入电脑，转换后，下载到 PLC，试运行，看是否达到预期的目的。

6. 考核标准

本项任务的评分标准如表 5-6 所示。

表 5-6　跳转指令与子程序调用指令控制程序的考核标准

序号	考核内容	考核要求	评价标准	配分	扣分	得分
1	方案设计	根据控制要求，画出 FX_{2N}-4DA 模块与 PLC 的外部接线图	扩展电缆不会连接扣 5 分 接线图错误，每处扣 5 分	20		
2	安装与接线	按 FX_{2N}-4DA 模块与 PLC 的外部接线图正确接线，要求接线正确、紧固、美观	接线不紧固每根扣 2 分 不按图接线每处扣 2 分	20		
3	程序输入与调试	学会编程软件的特殊模块指令的输入，能正确将程序下载到 PLC 并按动作要求进行模拟调试，达到控制要求	不熟练操作电脑，扣 2 分 不会程序输入扣 2 分 第一次试车不成功扣 5 分，第二次试车不成功扣 10 分，第三次试车不成功扣 20 分	50		
4	安全与文明生产	遵守国家相关专业安全文明生产规程，遵守学校纪律、学习态度端正	不遵守教学场所规章制度，扣 2 分 出现重大事故或人为损坏设备，扣 10 分	10		
5	备注	电气元件均采用国家统一规定的图形符号和文字符号	由教师或指定学生代表负责依据评分标准评定	合　计 100 分		
小组成员签名						
教师签名						

习题五

5-1　某 PLC 控制系统，FX_{2N}-4AD 的模块位置为 NO.2，要求：通道 CH1 为 4～20mA 电流输入；CH2 为-20～20mA 电流输入；CH3 为-10～10V 电压输入；CH4 关闭。采样 6 次的平均值分别存放在 PLC 的 D100～D102 内。试编写程序。

5-2　某 PLC 控制系统，FX_{2N}-4DA 的模块位置为 NO.1，要求：通道 CH1 设定为电压输出；CH2 为 0～20mA 电流输出；CH3 和 CH4 为-10～10V 电压输出。试编写将 D0～D3 内数据分别转换成模拟量从 CH1～CH4 输出的程序。

5-3　某 PLC 控制系统，FX_{2N}-4DA 的模块位置为 NO.2，要求：通道 CH1 为 4～20mA 电流输出，CH2 为电流输出，并要求当 PLC 从 RUN 转为 STOP 后，最后的输出值保持不变，试编写梯形图程序。

模块六 可编程控制器通信技术

工作任务 1 可编程控制器的组网

能力目标

掌握可编程控制器之间的并行通信的方法及参数设置；掌握并行通信状态下程序的输入方法。

知识目标

掌握网络通信的基本知识；掌握 FX_{2N} 系列 PLC 通信用硬件及通信形式；掌握 FX_{2N} 系列 PLC 间的通信配置。

相关知识

一、网络通信的基本知识

当任意两台设备之间有信息交换时，它们之间就产生了通信。PLC 通信是指 PLC 与 PLC、PLC 与计算机、PLC 与现场设备或远程 I/O 之间的信息交换。

PLC 通信的任务就是将地理位置不同的 PLC、计算机、各种现场设备等，通过通信介质连接起来，按照规定的通信协议，以某种特定的通信方式高效率地完成数据的传送、交换和处理。

工业控制网络通常分为 3 个层级，采用中央计算机的数据管理级为最高级，生产线或车间的数据控制为中间级，直接完成设备控制的为最低级。可编程控制器可以方便地与工业控制计算机等数字设备相连接，是工业控制网络中、低层级术构成的重要组成部分。

1. **数据通信基础**

（1）数据传送方式。

1）并行通信和串行通信。

①并行通信。并行通信是所传送数据的各个位同时进行发送或接收的通信方式，如图 6-1（a）所示。并行通信的特点是传送速度快。并行通信中，传送多少位二进制数就需要多少根数据传输线，传输成本高，一般用于近距离的数据传送。并行通信一般用于 PLC 的内部，如 PLC 内部元件之间、PLC 主机与扩展模块之间或近距离智能模块之间的数据通信。

②串行通信。如图 6-1（b）所示，串行通信是将数据一位一位顺序发送或接收的，因而除了地线外，在一个数据传输方向上只需要一根数据线，这根线既作为数据线又作为通信联络控制线。串行通信需要的信号线少，最少的只需要两三根线，适用于距离较远的场合。

串行通信多用于 PLC 与计算机之间、多台 PLC 之间的数据通信。

2）同步传输与异步传输。

串行通信中很重要的问题是使发送端和接收端保持同步，按同步方式可分为同步传送和异步传送。

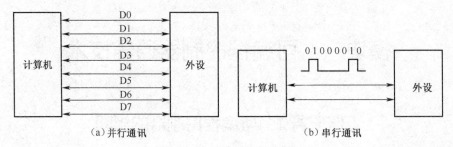

（a）并行通讯　　　　　　　（b）串行通讯

图6-1　并行通信与串行通信

①异步传送。异步方式以字符为单位发送数据，每个字符都用开始位和停止位作为字符的开始标志和结束标志，构成一帧数据信息。因此异步传送也称为起止传送，它是利用起止法达到收发同步的。异步通信双方需要对所采用的信息格式和数据的传输速率作相同的约定。

异步传送的帧字符构成如图6-2（a）所示。每个字符的起始位为0，然后是数据位（有效数据位可以是 5 到 7 位），随后是奇偶校验位（可根据需要选择），最后是停止位（可以是 1 位或多位），该图中停止位为1。在停止位后可以加空闲位，空闲位为1，位数不限制，空闲位的作用是为了等待一个字符的传送。有了空闲位，发送和接收可以连续或间断进行而不受时间限制。异步串行传送的优点是硬件结构简单，缺点是传送效率低，因为每个字符都要加上起始位和停止位。因此异步串行通信方式用于中、低速的数据传送。

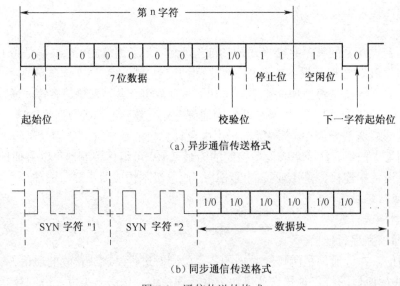

（a）异步通信传送格式

（b）同步通信传送格式

图6-2　通信传送的格式

数据传送经常要用到传输速率的指标，它表示单位时间内传输的信息量，例如每秒钟传送 120 个字符，每个字符为 10 位，则传送速率为：120 字符/秒×10 位/字符=1200bps。但传输速率与有效数据的传送速率有时并不一致，如果上例中每个字符的真正有效位为 5 位，则有效数据的传送速率为：120 字符/秒×5 位/字符=600bps。

②同步传送。同步传输是以数据块（一组数据）为单位进行数据传输的，在数据开始处用同步字符来指示，同步字符后则是连续传输的数据。由于不需要起始位和停止位，克服了异步传输效率低的缺点，但是，需要的软件和硬件的价格比异步传输要高得多。同步传输的数据格式如图6-2（b）所示。

（2）数据传送方向。

串行通信时，在通信线路上按照数据的传送方向可以分为单工、全双工和半双工的通信方式。

1）单工通信方式。单工通信是指在通信线路上数据的传输方向只能是固定的，不能进行反方向的传送。

2）半双工通信方式。半双工通信方式是指在一条通信线路上数据的传输可以在两个方向上进行，但是同一个时刻只能是一个方向的数据传输。

3）全双工通信方式。全双工通信有两条传输线，通信的两台设备可以同时进行发送和接收数据。

（3）数据传输的介质。

在 PLC 通信网络中，传输媒介的选择是很重要的一环，传输媒介决定了网络的传输率、网络段的最大长度及传输的可靠性。目前常用的传输介质有如下三种。

1）双绞线。双绞线是由两根彼此绝缘的导线按照一定规则以螺旋状绞合在一起。这种结构能在一定程度上减弱来自外部的电磁干扰及相邻双绞线引起的串音干扰。但在传输距离、带宽和数据传输速率等方面仍有其一定的局限性。

2）同轴电缆。与双绞线相比，同轴电线抗干扰能力强，能够应用于频率更高、数据传输速率更快的情况。对其性能造成影响的主要因素来自衰损和热噪声，采用频分复用技术时还会受到交调噪声的影响。虽然目前同轴电缆大量被光纤取代，但它仍广泛应用于有线电视和某些局域网中。

3）光纤。光纤是一种传输光信号的传输媒介。

与一般的导向性通信介质相比，光纤具有很多优点：它支持很宽的带宽；具有很快的传输速率；抗电磁干扰能力强；衰减较小，中继器的间距较大。

2. PLC 常用的串行通信接口

（1）RS-232C。

RS-232C 接口标准是目前计算机和 PLC 中最常用的一种串行通信接口。RS-232C 的电气接口采用单端驱动、单端接收的电路，容易受到公共地线上电位差和外部引入干扰信号的影响，同时还存在以下不足之处：

1）传输速率较低，最高传输速度速率为 20kbps。

2）传输距离短，最大通信距离为 15m。

3）接口的信号电平值较高，易损坏接口电路的芯片，又因为与 TTL 电平不兼容故需使用电平转换电路方能与 TTL 电路连接。

（2）RS-422。

针对 RS-232C 的不足，EIA 于 1977 年推出了串行通信标准 RS-499，对 RS-232C 的电气特性作了改进，RS-422A 是 RS-499 的子集。

由于 RS-422A 采用平衡驱动、差分接收电路，从根本上取消了信号地线，大大减少了低电平所带来的共模干扰。RS-422 在最大传输速率 10Mbps 时，允许的最大通信距离为 12m。传输速率为 100kbps 时，最大通信距离为 1200m。一台驱动器可以连接 10 台接收器。

（3）RS-485。

RS-485 是 RS-422 的变形，RS-422A 是全双工，两对平衡差分信号线分别用于发送和接收，所以采用 RS422 接口通信时最少需要 4 根线。RS-485 为半双工，只有一对平衡差分信号线，不能同时发送和接收，最少只需两根连线。

3. 工业控制网络基础

（1）工业控制网络的结构。

工业控制网络常用以下 3 种结构形式。

1）总线型网络。如图 6-3（a）所示，总线型网络利用总线连接所有的站点，所有的站点对总线有同等的访问权。总线型的网络结构简单、易于扩充、可靠性高、灵活性好、响应速度快，工业控制网以总线型居多。

2）环形网络。如图 6-3（b）所示，环形网络的结构特点是各个结点通过环路接口首尾相接，形成环形，各个结点均可以请求发送信息。环形网络结构简单，安装费用低，某个结点发生故障时可以自动旁路，保证其他部分的正常工作，系统的可靠性高。

3）星型网络。如图 6-3（c）所示，星型网络以中央结点为中心，网络中任何两个结点不能直接进行通信，数据传输必须经过中央结点的控制。上位机（主机）通过点对点的方式与多个现场处理机（从机）进行通信。星型网络建网容易，便于程序的集中开发和资源共享。但是上位机的负荷重，线路利用率较低，系统费用高。如果上位机发生故障，整个通信系统将瘫痪。

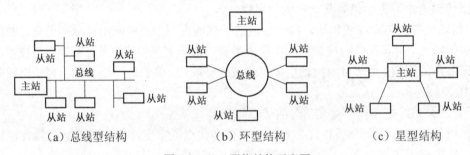

（a）总线型结构　　　　（b）环型结构　　　　（c）星型结构

图 6-3　PLC 网络结构示意图

（2）通信协议。

在进行网络通信时，通信双方必须遵守约定的规程，这些为进行可靠的信息交换而建立的规程称为协议。在 PLC 网络中配置的通信协议可分为两类：通用协议和公司专用协议。

1）通用协议。为了实现不同厂家生产的智能设备之间的通信，国际标准化组织 ISO 提出了开放系统互相通信协议 OSI（Open System Interconnection），作为通信网络国际标准化的参考模型，它详细描述了软件功能的 7 个层次，如图 6-4 所示。七个层次自下而上依次为：物理层、数据链路层、网络层、传送层、会话层、表示层和应用层。每一层都尽可能自成体系，均有明确的功能。

OSI 7 层模型中，除物理层和物理层之间可以直接传送信息外，其他各层之间实现的都是间接的传送。在发送方计算机的某一层发送的信息，必须经过该层以下的所有低层，通过传输介质传送到接收方计算机，并层层上送直至到达接收方中与信息发送层相对应的层。

OSI 7 层参考模型只是要求对等层遵守共同的通信协议，并没有给出协议本身。OSI 7 层协议中，高 4 层提供用户功能，低 3 层提供网络通信功能。

2）公司专用协议。公司专用协议一般用于物理层、数据链路层和应用层。使用公司专用协议传送的数据是过程数据和控制命令，信息短，实时性强，传送速度快。FX_{2N} 系列可编程控制器与计算机的通信就是采用公司专用协议。

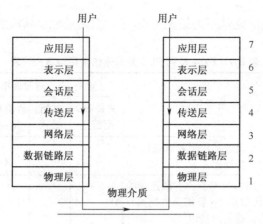

图 6-4 开放系统互相通信协议（OSI）参考模型

（3）主站与从站。

连接在网络中的通信点根据功能可分为主站与从站。主站可以对网络中其他设备发出初始化请求；从站只能响应主站的初始化请求，不能对网络中的其他设备发出初始化请求。网络中可以采用单主站（只有一个主站）连接方式或多主站（有多个主站）连接方式。

二、FX_{2N} 系列通信用硬件及通信形式

1. FX_{2N} 系列 PLC 通信器件

除了各厂商的专业工控网络（如三菱的 CC-LINK 网络）外，PLC 组网主要是通过 RS-232、RS-422、RS-485 等通信接口进行，若通信的两台设备都具有同样类型的接口，可直接通过适配的电缆连接并实现通信。如果通信设备间的接口不同，则需要采用一定的硬件设备进行接口类型的转换。FX_{2N} 系列 PLC 基本单元本身带有编程通信用的 RS-422 口。为了方便通信，厂商生产了为基本单元增加接口类型或转换接口类型用的各种器件。以外观及安装方式分类，三菱公司生产的这三类设备有两种基本形式。一种是功能扩展板，这是一种没有外壳的电路板，可打开基本单元的外壳后装入机箱内；另一种则是有独立机箱的，属于扩展模块一类。常用的外形及种类如图 6-5 及表 6-1 所示。扩展板与适配器除外观安装方式不同外，功能也有差异。

图 6-5 常用种类的外形

一般采用扩展板构成的通信距离最大为 50 米，采用适配器构成的通信距离可达 500 米。

表 6-1　FX$_{2N}$ 系列 PLC 简易通信常用设备一览表

类型	型号	主要用途	对应通信功能					连接台数
			简易 PC 间链接	并行链接	计算机链接	无协议通信	外围设备通信	
功能扩展板	FX$_{2N}$-232-BD	与计算机及其他配备 RS232 接口的设备连接	×	×	O	O	O	1 台
	FX$_{2N}$-485-BD	PLC 间 N:N 接口；并联连接的 1:1 接口；以计算机为主机的专用协议通信用接口	O	O	O	O	×	1 台
	FX$_{2N}$-422-BD	扩展用于与外围设备连接用	×	×	×	×	O	1 台
	FX$_{2N}$-CNV-BD	与适配器配合实现端口转换	—	—	—	—	—	1 台
特殊适配器	FX$_{0N}$-232ADP	与计算机及其他配备 RS232 接口的设备连接	×	×	O	O	×	1 台
	FX$_{0N}$-485ADP	PLC 间 N:N 接口；并联连接的 1:1 接口；以计算机为主机的专用协议通信用接口	O	O	O	O	·	1 台
通信模块	FX$_{2N}$-232-IF	作为特殊功能模块扩展的 RS232 通信口	×	×	×	O	×	1 台
	FX-485PC-IF	将 RS485 信号转换为计算机所需的 RS232 信号	×	×	O	×	×	最多 8 台

2.　FX$_{2N}$ 系列可编程控制器的通信形式

（1）并行通信。

FX$_{2N}$ 系列可编程控制器可通过以下两种连接方式实现两台同 PLC8 间的并行通信。

1）通过 FX$_{2N}$-485-BD 内置通信板和专用的通信电缆。

2）通过 FX$_{2N}$-CNV-BD 内置通信板、FX$_{0N}$-485ADP 特殊适配器和专用通信电缆。

两台 PLC 之间的最大有效距离为 50 米。

（2）计算机与多台 PLC 之间的通信。

计算机与多台 PLC 之间的通信多见于计算机为上位机的系统中。

1）通信系统的连接。通信系统的连接方式可采用以下两种接口。

① 采用 RS485 接口的通信系统，一台计算机最多可连接 16 台可编程控制器。与多台 PLC 之间的通信连接可采用以下方法。

● FX$_{2N}$ 系列可编程控制器之间采用 FX$_{2N}$-485-BD 内置通信板进行连接或采用 FX$_{2N}$-CNV-BD 和采用 FX$_{0N}$-485-ADP 特殊功能模块进行连接。

● 计算机与 PLC 之间采用 FX-485PC-IF 和专用的通信电缆，实现计算机与多台 PLC 的连接。

如图 6-6 所示，是采用 FX$_{2N}$-485-BD 内置通信板和 FX-485PC-IF，将一台通用计算机与 3 台 FX$_{2N}$ 系列可编程控制器连接通信示意图。

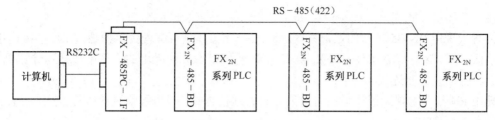

图 6-6　计算机与 3 台 PLC 连接示意图

②采用 RS232C 接口的通信系统有以下两种连接方式。

● FX$_{2N}$ 系列可编程控制器之间采用 FX$_{2N}$-485-BD 内置通信板进行连接或采用 FX$_{2N}$-CNV-BD 和采用 FX$_{0N}$-232ADP 特殊功能模块进行连接，最大有效距离为 15 米。

● 计算机与 PLC 之间采用 FX-232-BD 内置通信板外部接口通过专用的通信电缆直接连接。

2) 通信的配置。除了线路连接，计算机与多台 PLC 通信时，要设置站号、通信格式（FX$_{2N}$机有通信格式 1 及通信格式 4 供选），通信要经过连接的建立（握手）、数据的传送和连接的释放这三个过程。这其中 PLC 的通信参数是通过通信接口寄存器及通信参数寄存器（特殊辅助继电器，如表 6-2 及表 6-3 所示）设置的。通信程序可使用通用计算机语言的一些控件编写（如 BASIC 语言的控件），或者在计算机中运行工业控制组态程序（如组态王、力控等）实现通信。

表 6-2　通信接口寄存器

元件号	功能说明
[M]8126	该标志 ON 时，表示全体
[M]8127	该标志 ON 时，表示握手
M8128	该标志 ON 时，表示通信出错
M8129	该标志 ON 时，表示字/字节转换

表 6-3　通信参数寄存器

元件号	功能说明
D8120	通信格式
D8121	站号设定
D8127	请求式用起始地址号指定
D8128	请求式数据号指定

（3）无协议通信。

1) 串行通信指令 RS 实现的通信。FX$_{2N}$ 系列可编程控制器与计算机（读码器、打印机）之间，可通过 RS 指令实现串行数据的发送和接收，其指令格式使用如图 6-7 所示。图中：

[S·]指定传送缓冲区的首地址；

m 指定传送信息长度；

[D·]指定接收区的首地址

n 指定接收数据长度。

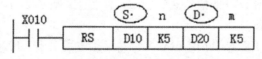

图 6-7　RS 指令使用格式

串行通信指令 RS 实现通信的连接方式有如下两种。

①对于采用 RS232 接口的通信系统，将一台 FX$_{2N}$ 系列可编程控制器通过 FX$_{2N}$-232-BD 内置通信板（或 FX$_{2N}$-CNV-BD 和 FX$_{0N}$-232ADP 功能模块）和专用的通信电缆，与计算机（或

读码器、打印机）相连。

②对于采用 RS485 接口的通信系统，将一台 FX$_{2N}$ 系列可编程控制器通过 FX$_{2N}$-485-BD 内置通信板（或 FX$_{2N}$-CNV-BD 和 FX$_{0N}$-485ADP 功能模块）和专用的通信电缆，与计算机（或读码器、打印机）相连。

使用 RS 指令实现无协议通信时也要先设置通信格式，设置发送及接收缓冲区，并在 PLC 中编制有关程序。

2）特殊功能模块 FX$_{2N}$-232IF 实现的通信。

FX$_{2N}$ 系列可编程控制器与计算机（读码器、打印机）之间采用特殊功能模块 FX$_{2N}$-232-IF 连接，通过 PLC 的通用指令 FROM/TO 指令也可以实现串行通信。FX$_{2N}$-232-IF 具有十六进制数与 ASCII 码的自动转换功能，能够将要发送的十六进制瘦身转换成 ASCII 码并保存在发送缓冲寄存器当中，同时将接收的 ASCII 码转换成十六进制数，并保存在接收缓冲寄存器中。

（4）简易 PLC 间链接。

简易 PLC 间链接也叫做 N∶N 网络。最多可以有 8 台 PLC 连接构成 N∶N 网络，实现 PLC 之间的数据通信。在采用 RS485 接口的 N∶N 网络中，FX$_{2N}$ 系列可编程控制器可以采用以下两种方法连接到网络中。

1）FX$_{2N}$ 系列可编程控制器之间采用 FX$_{2N}$-485-BD 内置通信板和专用的通信电缆进行连接。

2）FX$_{2N}$ 系列可编程控制器之间采用 FX$_{2N}$-CNV-BD 和 FX$_{0N}$-485ADP 特殊功能模块和专用的通信电缆进行连接。

任务实施——PLC 的组网

1. 任务实施的内容

（1）掌握可编程控制器之间的并行通信的方法及参数设置。

（2）掌握并行通信状态下程序的输入方法。

2. 任务实施要求

两台 PLC 之间的通信。

控制要求：

1）将主站的输入端口 X000～X007 的状态传送到从站，通过从站的 Y000～Y007 输出；

2）当主站的计算值（D0+D2）≤100 时，从站的 Y010 输出为 ON；

3）将从站的辅助继电器 M0～M7 的状态传送到主站，通过主站的 Y000～Y007 输出；

4）将从站数据寄存器 D10 的值传送到主站，作为主站计数器 T0 的设定值。

3. 设备、器材及仪表

个人 PC 机台、三菱 FX2N-48MR PLC 2 台、连接电缆 1 根、FX$_{2N}$-485-BD 通信板 2 块、通信电缆 1 根。

4. 组网的硬件连接图及程序

（1）两 PLC 通信的硬件连接图如图 6-8 所示。

（2）程序。

1）在主站的 PLC 上编制主站的控制程序，如图 6-9 所示。

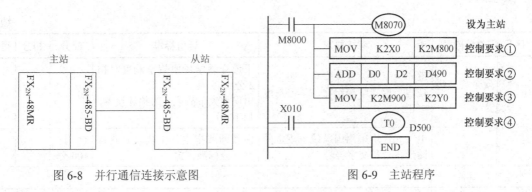

图 6-8 并行通信连接示意图   图 6-9 主站程序

2）在从站 PLC 上编制从站的控制程序，图 6-10 所示。

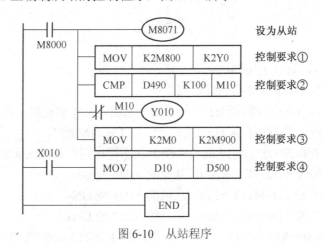

图 6-10 从站程序

5. 任务实施步骤

（1）在 PC 机启动三菱 GX Developer 编程软件，新建工程，进入编程环境。

（2）分别将图 6-9 和图 6-10 的程序输入电脑，转换后，下载到 PLC，试运行，看是否达到预期的目的。

6. 考核标准

本项任务的评分标准如表 6-4 所示。

表 6-4 跳转指令与子程序调用指令控制程序的考核标准

序号	考核内容	考核要求	评价标准	配分	扣分	得分
1	方案设计	根据控制要求，绘制两 PLC FX$_{2N}$-485-BD 通信板的外部接线图	通信板不会连接扣 5 分 接线图错误，每处扣 5 分	20		
2	安装与接线	按两 PLC FX$_{2N}$-485-BD 通信板的外部接线图正确接线，要求接线正确、紧固、美观	接线不紧固每根扣 2 分 不按图接线每处扣 2 分	20		
3	程序输入与调试	学会编程软件的通信指令的输入，能正确将程序下载到 PLC 并按动作要求进行模拟调试，达到控制要求	电脑操作不熟练，扣 2 分 不会程序输入扣 2 分 第一次试车不成功扣 5 分，第二次试车不成功扣 10 分，第三次试车不成功扣 20 分	50		

续表

序号	考核内容	考核要求	评价标准	配分	扣分	得分
4	安全与文明生产	遵守国家相关专业安全文明生产规程，遵守学校纪律、学习态度端正	不遵守教学场所规章制度，扣2分 出现重大事故或人为损坏设备，扣10分	10		
5	备注	电气元件均采用国家统一规定的图形符号和文字符号	由教师或指定学生代表负责依据评分标准评定	合 计 100 分		
小组成员签名						
教师签名						

习题六

6-1　计算机通信时可以采用哪些通信方式？

6-2　比较并行通信和串行通信的优缺点？

6-3　用 FX$_{2N}$-485-BD 模块实现 1:1 并行通信，试编写程序实现以下控制要求：

① 主站中数据寄存器 D0 每 5s 自动加 1，D2 每 10s 自动加 1；

② 主站输入继电器 X000～X017 的 ON/OFF 状态输出到从站的 Y000～Y017；

③ 当主站计算结果（D0+D2）<200，从站的 Y020 变 ON；

④ 当主站计算结果（D0+D2）=200，从站的 Y021 变 ON；

⑤ 当主站计算结果（D0+D2）>200，从站的 Y022 变 ON；

⑥ 从站中的 X000～X017 的 ON/OFF 状态输出到主站的 Y000～Y017；

⑦ 主站 D10 的值用于对从站计数器 C10 的间接设定值，该数值为 K60，用于从站中每秒 1 次的计数。

附录 1 FX 系列 PLC 特殊元件

附表 1 PLC 状态（M8000~M8009）

继电器	内容	继电器	内容
[M]8000	RUN 监控 a 接点	[M]8005	电源电压降低
[M]8001	RUN 监控 b 接点	[M]8006	电池电压降低锁存
[M]8002	初始脉冲 a 接点	[M]8007	瞬停检测
[M]8003	初始脉冲 b 接点	[M]8008	停电检测中
[M]8004	出错	[M]8009	DC24V 关断

附表 2 PLC 状态（D8000~D8009）

寄存器	内容	寄存器	内容
D8000	监视定时器	[D]8005	电池电压
[D]8001	PLC 型号和版本	[D]8006	电池电压降低
[D]8002	存储器容量	[D]8007	瞬停次数
[D]8003	存储器种类	[D]8008	停电检测时间
[D]8004	错误地址 M 号	[D]8009	DC24V 关断时的单元

附表 3 时钟（M8010~M8019）

继电器	内容	继电器	内容
[M]8010		M8015	时间设置
[M]8011	10ms 时钟	M8016	时间记取显示停止实时时钟
[M]8012	100ms 时钟	M8017	瞬停检测
[M]8013	1s 时钟	[M]8018	安装检测实时时钟用
[M]8014	1min 时钟	M8019	实时时钟错

附表 4 时钟（D8010~D8019）

寄存器	内容	寄存器	内容
[D]8010	当前扫描时间	[D]8015	h（0~23）
[D]8011	最小扫描时间	[D]8016	日（1~31）
[D]8012	最大扫描时间	[D]8017	月（0~12）
[D]8013	s（0~59）	[D]8018	年（0~99）
[D]8014	min（0~59）	[D]8019	星期（0~6）

附表 5　标志（M8020～M8029）

继电器	内容	继电器	内容
[M]8020	零标记	M8025	HSC 模式
[M]8021	借位标记	M8026	RAMP 模式
[M]8022	进位标记	M8027	PR 模式
[M]8023		M8028	100ms/10ms 定时器切换
M8024	BMOV 方向指定	M8029	执行 FROM/TO 指令过程中中断允许完成标记

附表 6　标志（D8020～D8029）

寄存器	内容	寄存器	内容
D8020	X0～X17 输入滤波调整	[D]8025	
D8021		[D]8026	
[D]8022		[D]8027	
[D]8023		[D]8028	Z0（Z）寄存器的内容
[D]8024		[D]8029	V1（V）寄存器的内容

Z1～Z7、V1～V7 的内容保存于 D8182～D8195 中

附表 7　PLC 方式（M8030～M8039）

继电器	内容	继电器	内容
M8030	电池欠压 LED 灯灭	M8035	强制运行方式
M8031	全清非保持存储器	M8036	强制运行信号
M8032	全清保持存储器	M8037	强制停止信号
M8033	存储器保持	M8038	通信参数设定标记
M8034	禁止所有输出	M8039	定时扫描

附表 8　PLC 方式（D8030～D8039）

寄存器	内容	寄存器	内容
[D]8030		[D]8035	
[D]8031		[D]8036	
[D]8032		[D]8037	
[D]8033		[D]8038	
[D]8034		[D]8039	恒定扫描时间

附表 9　步进顺控（M8040～M8049）

继电器	内容	继电器	内容
M8040	禁止转移	M8045	在模式切换时，所有输出复位禁止
M8041	转移开始	[M]8046	STL 状态置 ON
M8042	启动脉冲	M8047	STL 状态有效
M8043	回原点完成	[M]8048	信号报警器动作
M8044	检测出机械原点时动作	M8049	信号报警器有效

附表 10　步进顺控（D8040~D8049）

寄存器	内容	寄存器	内容
[D]8040	ON 状态地址号 1	[D]8045	ON 状态地址号 6
[D]8041	ON 状态地址号 2	[D]8046	ON 状态地址号 7
[D]8042	ON 状态地址号 3	[D]8047	ON 状态地址号 8
[D]8043	ON 状态地址号 4	[D]8048	
[D]8044	ON 状态地址号 5	[D]8049	ON 状态最小编号

附表 11　出错检查（M8109、M8060~M8069）

继电器	内容	PROG-E LED	PLC 状态
[M]8109	输出刷新出错	OFF	RUN
[M]8060	I/O 构成出错	OFF	RUN
[M]8061	PLC 硬件出错	亮	STOP
[M]8062	PLC/PP 通信出错	OFF	RUN
[M]8063	并联连接出错，RS232C 通信错误	OFF	RUN
[M]8064	参数错误	闪烁	STOP
[M]8065	语法错误	闪烁	STOP
[M]8066	回路错误	闪烁	STOP
[M]8067	运算错误	OFF	RUN
M8068	运算错误锁存	OFF	RUN
M8069	I/O 总线检测		

附表 12　出错检查（D8109、D8060~D8069）

寄存器	内容	寄存器	内容
[D]8109	发生输出刷新出错的 Y 地址号	[D]8065	语法出错的出错代码
[D]8060	I/O 构成出错的未安装的 I/O 起始地址号	[D]8066	回路出错的出错代码
[D]8061	PLC 硬件出错的错误代码	[D]8067	运算出错的出错代码
[D]8062	PLC/PP 通信错误的错误代码	D8068	锁存发生运算出错的出错代码
[D]8063	并联链接通信错误的错误代码，RS232C 通信出错的出错代码	[D]8069	发出 M8065~7 出错的步号
[D]8064	参数出错的出错代码		

附表 13　并联链接功能（M8070~M8073）

继电器	内容	继电器	内容
M8070	并联链接　主站时驱动	[M]8045	并联链接　运行时 ON
M8071	并联链接　子站时驱动	[M]8073	并联链接 m8070/m8071 设定出错时 ON

附表 14　并联链接功能（D8070～D8073）

寄存器	内容	寄存器	内容
[D]8070	并联链接出错判定时间 500ms	[D]8073	
[D]8071		[D]8074	

注：[M]、[D]中有[ ]标记的软元件、未使用的元件或未作记载的未定义软元件，请勿在程序中进行驱动或写入操作。

附录 2　FX 系列 PLC 指令系统

分类	功能号	助记符	指令名称
程序流向控制指令	FNC 00	CJ	条件转移指令
	FNC 01	CALL	子程序调用指令
	FNC 02	SRET	子程序返回指令
	FNC 03	IRET	中断返回指令
	FNC 04	EI	开中断指令
	FNC 05	DI	关中断指令
	FNC 06	FEND	主程序结束指令
	FNC 07	WDT	监视定时器刷新指令
	FNC 08	FOR	循环开始指令
	FNC 09	NEXT	循环结束指令
比较及传送指令	FNC 10	CMP	比较指令
	FNC 11	ZCP	区间比较指令
	FNC 12	MOV	传送指令
	FNC 13	SMOV	移位传送指令
	FNC 14	CML	取反传送指令
	FNC 15	BMOV	成批传送指令
	FNC 16	FMOV	多点传送指令
	FNC 17	XCH	交换指令
	FNC 18	BCD	BIN→BCD 转换指令
	FNC 19	BIN	BCD→BIN 转换指令
四则及逻辑运算指令	FNC 20	ADD	BIN 加法运算指令
	FNC 21	SUB	BIN 减法运算指令
	FNC 22	MUL	BIN 乘法运算指令
	FNC 23	DIV	BIN 除法运算指令
	FNC 24	INC	加一指令
	FNC 25	DEC	减一指令
	FNC 26	WAND	逻辑字与指令
	FNC 27	WOR	逻辑字或指令
	FNC 28	WXOR	逻辑字异或指令
	FNC 29	NEG	求补码指令
循环及移位指令	FNC 30	ROR	循环右移指令
	FNC 31	ROL	循环左移指令

分类	功能号	助记符	指令名称
	FNC 32	RCR	带进位循环右移指令
	FNC 33	RCL	指令带进位循环左移
	FNC 34	SFTR	位右移指令
	FNC 35	SFTL	位左移指令
	FNC 36	WSFR	字右移指令
	FNC 37	WSFL	字左移指令
	FNC 38	SFWR	移位写入指令
	FNC 39	SFRD	移位读出指令
数据处理指令	FNC 40	ZRST	区间复位指令
	FNC 41	DECO	译码指令
	FNC 42	ENCO	编码指令
	FNC 43	SUM	位"1"总和指令
	FNC 44	BON	位"1"判别指令
	FNC 45	MEAN	求平均值指令
	FNC 46	ANS	信号报警设置指令
	FNC 47	ANR	信号报警复位指令
	FNC 48	SQR	BIN 开方指令
	FNC 49	FLT	整数→2 进制浮点数转换指令
高速处理指令	FNC 50	REF	输入输出刷新指令
	FNC 51	REFF	输入滤波时间调整指令
	FNC 52	MTR	数据采集指令
	FNC 53	HSCS	高速比较置位指令
	FNC 54	HSCR	高速比较复位指令
	FNC 55	HSZ	高速区间比较指令
	FNC 56	SPD	脉冲密度指令
	FNC 57	PLSY	脉冲输出指令
	FNC 58	PWM	脉宽调制指令
	FNC 59	PLSR	带加减速的脉冲输出指令
方便指令	FNC 60	IST	状态初始化指令
	FNC 61	SER	数据检索指令
	FNC 62	ABSD	绝对方式凸轮控制指令
	FNC 63	INCD	增量方式凸轮控制指令
	FNC 64	TTMR	示教定时器指令
	FNC 65	STMR	特殊定时器指令
	FNC 66	ALT	交替输出指令

分类	功能号	助记符	指令名称
	FNC 67	RAMP	斜坡信号指令
	FNC 68	ROTC	旋转工作台控制指令
	FNC 69	SORT	数据排序指令
外部 I/O 设备 指令	FNC 70	TKY	十键输入指令
	FNC 71	HKY	十六键输入指令
	FNC 72	DSW	数字开关指令
	FNC 73	SEGD	七段码显示指令
	FNC 74	SEGL	七段码锁存显示指令
	FNC 75	ARWS	方向开关指令
	FNC 76	ASC	ASCII 码输入指令
	FNC 77	PR	ASCII 码输出指令
	FNC 78	FROM	特殊功能模块读指令
	FNC 79	TO	特殊功能模块写指令
外部（SER）设 备指令	FNC 80	RS	串行数据传送指令
	FNC 81	PRUN	并行数据位传送指令
	FNC 82	ASCI	HEX→ASCII 变换指令
	FNC 83	HEX	ASCII→HEX 变换指令
	FNC 84	CCD	校验码指令
	FNC 85	VRRD	模拟电位器数据读指令
	FNC 86	VRSC	模拟电位器开关设定指令
	FNC 88	PID	PID 控制指令
浮点运算指令	FNC 110	ECMP	浮点数比较指令
	FNC 111	EZCP	浮点数区间比较指令
	FNC 118	EBCD	10 进制浮点数→2 进制浮点数指令
	FNC 119	EBIN	2 进制浮点数→10 进制浮点数指令
	FNC 120	EADD	浮点数加法指令
	FNC 121	ESUB	浮点数减法指令
	FNC 122	EMUL	浮点数乘法指令
	FNC 123	EDIV	浮点数除法指令
	FNC 127	ESQR	浮点数开平方指令
	FNC 129	INT	2 进制浮点数→整数转换指令
	FNC 130	SIN	浮点数正弦指令
	FNC 131	COS	浮点数余弦指令
	FNC 132	TAN	浮点数正切指令
	FNC 147	SWAP	上下字节交换指令

分类	功能号	助记符	指令名称
点位控制指令	FNC 155	ABS	绝对位置数据读出指令
	FNC 156	ZRN	原点回归指令
	FNC 157	PLSV	可变度脉冲输出指令
	FNC 158	DRVI	相对位置控制指令
	FNC 159	DRVA	绝对位置控制指令
时钟运算指令	FNC 160	TCMP	时钟数据比较指令
	FNC 161	TZCP	时钟数据区间比较指令
	FNC 162	TADD	时钟数据加法指令
	FNC 163	TSUB	时钟数据减法指令
	FNC 166	TRD	时钟数据读出指令
	FNC 167	TWR	时钟数据写入指令
	FNC 169	HOUR	计时器指令
格雷码指令	FNC 170	GRY	BIN→GRY 指令
	FNC 171	GBIN	GRY→BIN 指令
	FNC 176	RD3A	模拟块读指令
	FNC 177	WR3A	模拟块写指令
触点比较指令	FNC 224	LD=	起始触点比较指令
	FNC 225	LD>	起始触点比较指令
	FNC 226	LD<	起始触点比较指令
	FNC 228	LD<>	起始触点比较指令
	FNC 229	LD<=	起始触点比较指令
	FNC 230	LD>=	起始触点比较指令
触点比较指令	FNC 232	AND=	串接触点比较指令
	FNC 233	AND>	串接触点比较指令
	FNC 234	AND<	串接触点比较指令
	FNC 236	AND>	串接触点比较指令
	FNC 237	AND<=	串接触点比较指令
	FNC 238	AND>=	串接触点比较指令
	FNC 240	OR=	并接触点比较指令
	FNC 241	OR>	并接触点比较指令
	FNC 242	OR<	并接触点比较指令
	FNC 244	OR<>	并接触点比较指令
	FNC 245	OR<=	并接触点比较指令
	FNC 246	OR>=	并接触点比较指令

参考文献

[1] 张成忠. 可编程控制器应用技术. 北京：化学工业出版社，2012.

[2] 冯宁，吴灏. 可编程控制器技术应用. 北京：人民邮电出版社，2009.

[3] 程子华. PLC 原理与编程实例分析. 北京：国防工业出版社，2009.

[4] 周云水. 跟我学 PLC 编程. 北京：中国电力出版社，2009.

[5] 李金城. 三菱 FX_{2N}PLC 功能指令应用详解. 北京：电子工业出版社，2011.

[6] 李金城. 三菱 FX PLC 编程与入门. 深圳市技成科技有限公司内部教材，2009.

[7] 阮友德. PLC、变频器、触摸屏综合应用实训. 北京：中国电力出版社，2009.

[8] 三菱电机. FX_{1S}、FX_{1N}、FX_{2N}、FX_{2NC} 编程手册，2002.

[9] 王文义，宓哲民，陈文轩等. 可编程控制器（PLC）原理与应用. 北京：科学出版社，2009.

[10] 王阿根. PLC 控制程序精编 108 例. 北京：电子工业出版社，2009.

[11] 廖常初. FX 系列 PLC 编程及应用. 北京：机械工业出版社，2005.